동에 번쩍 서에 번쩍

세계 지리
이야기

동에 번쩍 서에 번쩍
세계 지리 이야기

2012년   1월 20일 1판 1쇄
2025년   2월 10일 1판 24쇄

지은이 조지욱
그린이 오동

편집 정은숙, 서상일 ㅣ 디자인 권지연
마케팅 김수진, 백다희 ㅣ 제작 박흥기 ㅣ 홍보 조민희

출력 블루엔 ㅣ 인쇄 코리아피앤피 ㅣ 제본 J&D바인텍

펴낸이 강맑실
펴낸곳 (주)사계절출판사 ㅣ 등록 제406-2003-034호
주소 (우)10881 경기도 파주시 회동길 252
전화 031)955-8558, 8588 ㅣ 전송 마케팅부 031)955-8595 편집부 031)955-8596
홈페이지 www.sakyejul.net ㅣ 전자우편 skj@sakyejul.com
블로그 blog.naver.com/skjmail ㅣ 트위터 twitter.com/sakyejul
페이스북 facebook.com/sakyejul

사진 게티이미지/멀티비츠, 조지욱

ⓒ 조지욱, 2012

사계절출판사는 성장의 의미를 생각합니다.
사계절출판사는 독자 여러분의 의견에 늘 귀기울이고 있습니다.

ISBN 978-89-5828-598-4 43980

동에 번쩍 서에 번쩍
세계 지리 이야기

조지욱
지음

사□□계절

 머리말

'동에 번쩍 서에 번쩍 우리나라 지리 이야기'를 쓸 때가 기억납니다. 재밌고 쉬운 우리나라 지리이야기를 해 보겠다는 마음으로 평소 수업했던 여러 이야기들을 모아서 책으로 냈지요! 개인적으로는 '교과서나 참고서만 쓰던 딱딱한 손으로 말랑말랑한 이야기를 쓸 수 있을까?' 하는 걱정도 했습니다.

무식하면 용감하다고 하죠? 아무튼 '긴 시간 동안 준비해 온 것이 있으니 학생들에게 조그마한 도움은 될 것'이라고 자신을 북돋우며 컴퓨터를 켰습니다. 그런데 하느님이 보우하사 여러 선생님들과 학생들이 관심을 가져주셨지요. 지난 3년여 동안 쇄를 거듭하며 '동에 번쩍 서에 번쩍 우리나라 지리 이야기'는 전국의 1318 청소년들과 만났습니다.

그런데 아주 재밌는 일이 생겼습니다. 사실 전혀 예상치 못한 일이었습니다. 여러 학생들에게 무엇인가 주고 싶은 마음이었는데 오히려 저 자신이 더 많은 것을 받았습니다. 책을 본 여러 지인들이

'고생했다'는 격려 말씀도 많이 해 주시고, 또 '재밌게 봤다'는 칭찬도 해주셨어요. 그런가 하면 이곳저곳에서 책에 담긴 내용을 주제로 특강도 하게 되었습니다. 저의 친구들은 그 책을 '동번서번'이라고 불렀는데, 만나면 "동번서번, 잘 봤어." "동번서번 잘 나가냐?"고 해서 나를 둘러싼 인사말에도 변화가 생겼습니다.

그리고 나서 좀 지나 이번에는 새로운 세계지리 책에 도전해 보아야겠다는 욕심과 함께 필요성을 느끼게 되었습니다. 한편으로는 '동에 번쩍 서에 번쩍 우리나라 지리 이야기'의 짝꿍이 되는 책, 그러면서도 풍부한 세계 지리의 내용을 가지고 1318 학생들에게 친근하게 다가설 수 있는 책을 말입니다. 그런 이야기를 하기 위해 다시 책상 앞에 앉는 용기를 냈습니다.

오늘날 '지구촌'은 다른 문화와 다른 사람에 대한 이해가 더욱 필요합니다. 하지만 무엇이 다르고, 어떻게 다른지 또 그것이 왜 다른지를 잘 모르면서, 이해해야 한다는 당위성만 가지고 제대로 이해할 수 있을까요? 아마 그렇지는 않을 것입니다. 그러니까 만난 적도 없는 먼 나라 사람들을 제대로 이해하고 나 자신이 그들에게 이해받기 위해서는 그들에 대한 이야기를 들어보는 것이 우선이라고 생각했습니다. 이런 저런 생각을 글로 옮기기 시작한 지 벌써 2년 가까운 시간이 흘렀습니다.

그리고 2012년 벽두에 '동에 번쩍 서에 번쩍 세계지리 이야기'가 예쁜 표지를 입고 한 권의 책으로 나오게 되었습니다. 이 책으로 '1318 청소년들이 세계에 대한 관심을 키우고, 호기심이 더했으면 좋겠다. 그리고 고등학생들도 어려워하는 세계지리 공부에 도움을 주고 싶다.'는 제 바람이 이루어지기를 희망합니다. 그런 희망을 담은 낯설고 재미난 이야기, 교과서에서 중요하게 다루어지지만 자세하게 알지 못했던 이야기, TV나 다른 매체에서도 접해 보았지만 정확하게 알지 못하던 지구촌 이야기를 여러분이 재밌게 들어주었으면 좋겠습니다. 단순한 지식을 전달하는 것을 넘어 '생각이 있는 지리책', '생각을 해보게 하는 지리책', '생각나는 지리책'으로 남기를 바랍니다.

이 한 권의 책에는 저뿐 아니라 사계절출판사 편집진의 고민과 노고가 담겨 있습니다. 감사 드립니다. 재밌는 삽화를 그려 주신 오동 씨께도 감사 말씀 전합니다.

2011년 12월

조지욱

차례

1. 내가 사는 세계 이야기

2. 세계의 기후 이야기

5. 세계의 문화 이야기

6. 세계의 인구와 도시 이야기

7. 세계가 풀어야 할 과제 이야기

※ 부록 : 세계 지도

내가 사는
세계 이야기

왜 세계 지리를 알아야 할까?

전 세계에서 소비되는 햄버거 개수는 어마어마하다. 햄버거를 밥처럼 먹는 미국인들은 한 해 동안 400억 개나 먹어 치운다. 그런데 신기하게도 사람들이 햄버거를 먹으면 먹을수록 열대의 숲이 자꾸 사라진다. 도대체 왜 그럴까?

그것은 햄버거에 들어가는 쇠고기로 만든 패티 때문이다. 햄버거가 사람들의 입맛을 사로잡으면서 햄버거 체인점이 전 세계로 퍼져 나갔다. 햄버거가 많이 팔리자 신이 난 목축업자들은 수천수만 년을 이어 온 숲을 없애고 소를 키울 초지를 만들었다. 그런데 소는 풀을 많이 먹는 덩치 큰 짐승이다. 햄버거 한 개에 들어갈 고기 패티를 얻기 위해 약 5m³의 숲이 초지가 되었고, 그렇게 1년에 한반도 절반 크기의 열대림이 없어졌다.

미국의 유명한 햄버거 회사들이 세계 곳곳에 가게를 늘려 가는 속도만큼 열대의 숲이 빠르게 사라지고 있다. 하지만 열대림은 수많은 동식물의 안식처일 뿐 아니라, 지구에 있는 산소의 약 5분의 1을 배출하는 허파 구실을 한다. 이런 열대림이 사라지면 이산화탄소가 증가하여 지구 온난화를 재촉하게 된다.

그럼 소한테 풀 대신 옥수수나 콩

같은 곡물을 먹이면 어떨까? 사실 소는 곡물도 잘 먹는다. 그런데 어른 한 명이 한 끼 먹을 쇠고기와 우유 한 잔을 얻기 위해서는 스물두 명이 먹을 만큼 많은 곡물을 소에게 먹여야 한다. 따라서 지나치게 소를 많이 기르면 곡물이 축나고 식량이 부족해져서 곡물 가격이 비싸진다. 결국 고기 먹자고 하다가 밥 굶는 일이 벌어지게 된다. 내가 안 굶어도 지구촌 누군가는 밥을 굶게 된다. 물론 곡물 가격이 비싸지는 이유는 여러 가지이지만 그중 육류 소비를 전 세계적으로 늘려 놓은 햄버거가 대표 주자이다.

맛있고 간편하게 먹을 수 있는 햄버거는 그저 하나의 먹을거리를 넘어서 드넓은 세상 구석구석과 연결된다. 이처럼 우리는 누구나 환경에 둘러싸여 있고, 우리를 둘러싸고 있는 환경을 잘 이해해야 조화롭게 살아갈 수 있다. 이런 사실을 알려 주는 친구가 바로 '세계 지리'이다.

선사 시대 사람들도 지리를 알았을까?

수만 년 전 구석기 시대의 인간에게 지리학이라고 할 만한 지식이 있었을까? 공부라고는 책상에 앉아서 5분도 하지 않고 학교도 없던 그들에게 과연 지리 지식이 있었을까?

우리가 보기에는 미개해 보이지만 갯벌에서 조개를 주워 먹던 아빠 엄마 원시인은 하루에 두 번씩 바닷물이 드나든다는 것을 알고 있었을 것이다. 그것은 밀물과 썰물, 곧 조류에 대한 지리 지식이다. 그래서 아침부터 바닷가에 나가서 바닷물이 빠지기를 기다리는 아들 원시인에게 그럴 필요가 없다고 가르쳤을 것이다.

그런가 하면 숲에서 열매를 따 먹던 원시인 무리는 언제 어떤 나무에서 꽃이 피는지, 계절이 지나면 꽃이 진 자리에서 어떤 열매가 생기는지도 알았을 것이다. 그러니까 '기후와 식생'이라는 지리 지식을 알고 있었던 셈이다. 이렇게 보면 인류의 시작이 곧 지리학의 시작이라고 할 수 있다.

시간이 지나 사냥을 하게 되면서는 어땠을까? 돌로 만든 칼과 창을 들고 큰 돌이나 나무 뒤에 숨어 있다가 동물을 공격하거나, 폭이 좁은 골짜기나 낭떠러지로 사냥감을 몰았을 터이다. 그때 사냥꾼은 산과 강 같은 지형을 이용해서 사냥을 했을 것이다. 이미 원시인들도 '지형'이라는 지리 지식을 가지고 있었다는 말이다.

그뿐 아니다. 이미 원시인들은 지리책도 갖고 있었다. 물론 종이로 만든 책은 아니지만. 사하라 사막 아무도 살지 않는 곳에서 바

아프리카 사하라 사막 중앙 산악 지대 바위에 새겨진 암각화

위에 새긴 암각화가 발견되었는데, 여기에는 먼 옛날 사냥하던 사람들의 모습과 동물의 모습이 그려져 있다. 재미로 그렸든 다른 사람에게 알려 주려고 그렸든 그 그림은 당시 원시인에게 중요한 정보였으며, 오늘날의 우리에게도 사하라 사막이 수천 년 전에는 사막이 아니라 열대 초원이었음을 알려 주는 중요한 지리 정보이다. 그러니까 이미 수천 년 전에 인간들이 동굴 벽에 지리책을 써 놓은 것이다. 원시인은 땅바닥에 나뭇가지로 사슴 사냥이 잘되는 곳이나 코끼리를 잡기 좋은 곳 따위를 그려 가며 회의도 하고 자식에게 교육도 했을 것이다.

지리 지식은 점점 크게 자라났다

농사를 짓기 시작하는 신석기 시대에 들어오면서 지리 지식은 더욱 확대되었다. 나일 강변 사람들은 언제 나일 강이 범람하는지 알았기 때문에 씨를 뿌리고 수확할 시기를 놓치지 않았다. 물론 범람을 피해 언제 강에서 멀리 달아나 있어야 하는지도 알고 있었다. 고대인들의 지리 지식은 이게 다가 아니다. 토지 소유에 대한 개념이 생기면서 점토판이나 동물 가죽에 자신의 땅을 그려 넣기도 했다. 현존하는 세계 최초의 지도가 바로 이때 나온다.

고대를 지나 중세, 근대를 거치면서 항해를 위한 지도 제작법, 기온·강수·바람과 같은 대기의 변화를 알 수 있는 기후학, 산·강·바다를 살피는 지형학, 산업혁명이나 인구와 도시의 변천 과정 따위를 다루는 여러 인문 지리학이 발전하였다. 사실, 세상이 지리 지식을 확대시키기도 했지만 지리 지식이 세상을 확대시키는 데 큰 역할을 하였다.

세계의 신화에 담긴 지구는 어떤 모양일까?

고대 그리스의 학자들 중에도 월식 때 달에 비친 지구의 그림자를 보고 지구가 둥글다고 생각한 사람이 있었다. 다만 그것을 믿는 사람과 믿지 않는 사람이 있었을 뿐이다. 지금 우리는 지구가 둥글다는 것은 어린아이도 아는 사실이라고 생각하지만, 실제로 아프리카나 아시아의 어떤 지역 사람들은 오늘날까지도 지구가 둥글다는 것을 알지 못한다. 솔직히 끝없이 펼쳐진 넓은 평야, 오를 수 없을 만큼 높은 산을 보면서 "아, 지구는 둥글구나!" 하기는 힘들 것 같기도 하다. 그럼 현대 과학과 만나지 못한 사람들은 세상이 어떤 모습이라고 생각했는지 잠깐 살펴보자.

넓은 시베리아 평원에 사는 타타르족은 '세상은 평평한 섬으로, 물고기의 등을 타고 있다.'고 믿었다. 그리고 그 물고기의 아가미가 하늘에 있는 '울간'과 줄로 연결되어 있다고 생각했다. 울간은 그들이 믿는 신

이다. 울간이 끈을 잡고 물고기를 조종하는데, 끈이 느슨해지면 물고기의 머리가 물속에 잠기면서 지구에 홍수가 난다고 믿었다.

또 인도의 힌두교도는 여러 동물들이 층층이 지구를 떠받치고 있다고 생각했다. 평평한 땅 가운데 높은 산이 있는 지구를 네 마리의 코끼리가 떠받치고 있다. 그 네 마리의 코끼리를 또 어마어마하게 큰 거북이 떠받치고 있다. 힌두교를 믿는 사람들은 신이 동물의 모습으로 나타난다고 여겼는데, 거북은 그들이 믿는 태양신 '비슈누'의 화신이다. 다시 그 거북은 '아난타'라는 거대한 뱀 위에 앉아 있다고 한다.

그 밖에도 세계 곳곳에서 다양한 지구를 상상했다. 아프리카의 피그미족은 지구가 아주 얇은 판이며 바다에 떠 있다고 생각했고, 캐나다의 이누이트족은 지구가 바다 위에 떠 있고 바다 밑에 또 다른 세상이 있다고 믿었다. 인도네시아의 보르네오 섬에 사는 응가주족은 평평한 땅 밑에 또 다른 세상이 있고 그곳에는 유령과 영혼이 살고 있다고 생각했다. 과연 이들에게 인공위성을 통해 둥그런 지구를 보여 준다면 믿을까 싶을 정도로 지구에 대한 그들의 생각은 구체적이고 논리적이다.

아무튼 상상력만큼은 정말 끝내 준다. 여기서 아주 중요한 사실 하나를 발견하게 된다. 그들은 지구가 자신들이 신성하게 여기는 동물이나 신과 연결되어 있다고 생각했고, 자기 나름대로 답을 가지고 있었던 셈이다. 결국 지구에 대한 신화를 낳은 어머니는 세상에 대한 호기심과 궁금증이었다.

옛날에는 지도를 어떻게 그렸을까?

북아프리카의 유목민인 베두인족은 색깔이 있는 모래나 자갈로 산의 위치나 모래 언덕의 모양을 표시하였다. 캐나다의 이누이트족은 해안으로 떠밀려 온 통나무나 물개 가죽에 자기들이 사는 곳의 땅 모양을 그렸다. 오래전부터 문자가 없는 민족이라도 자신들의 지리 지식을 모래나 눈 위에 그려 놓았다. 아마 이런 그림들이 바로 지도의 기원이라고 할 수 있을 것이다. 이처럼 지도는 문자보다 훨씬 오래되었고 세계를 모두 담아 내지는 못했지만 자기들이 사는 곳 주변이나 이동하는 경로 정도는 알 수 있었다.

현존하는 가장 오래된 세계 지도는 점토판에 그려진 바빌로니아

세계 지도이다. 이 지도는 기원전 6세기경에 그린 것인데, 당시 바빌로니아 사람들은 육지가 바다 위에 떠 있다고 상상하였다. 지도에서 보이는 두 개의 원에서 안쪽의 작은 원은 육지를 말하고 바깥의 원은 육지를 둘러싸고 있는 바다를 가리킨다. 육지의 중심에는 바빌론이 있고, 바빌론을 가로질러 유프라테스 강이 흐른다. 유프라테스 강 하류에 우묵하게

바빌로니아 세계 지도

들어간 페르시아 만까지 그려 놓았다.

그리스 로마 시대에 와서는 세계에 대한 정보가 더 많이 담긴 지도가 그려졌다. 특히 그리스인 프톨레마이오스(100~170)의 세계 지도는 톨레미 세계 지도로도 일컬어지는데, 지중해 연안에서 북서 유럽까지 꽤 정확하게 그렸다. 아시아도 나와 있는데 아라비아 반도, 페르시아 만, 카스피 해에다 인도까지도 잘 나타나 있다. 또한 처음으로 중국이 세계 지도에 등장한다. 물론 부족한 점도 있다. 스칸디나비아 반도가 섬으로 되어 있고, 인도는 작고 스리랑카는 크게 그려져 있다. 또 중국은 그려져 있으면서도 속상하게도 우리나라나 일본은 나타나 있지 않다. 이렇게 옛날에 만든 지도를 공부하다 보면 옛날 사람들이 '참 똑똑했구나' 하는 생각이 든다.

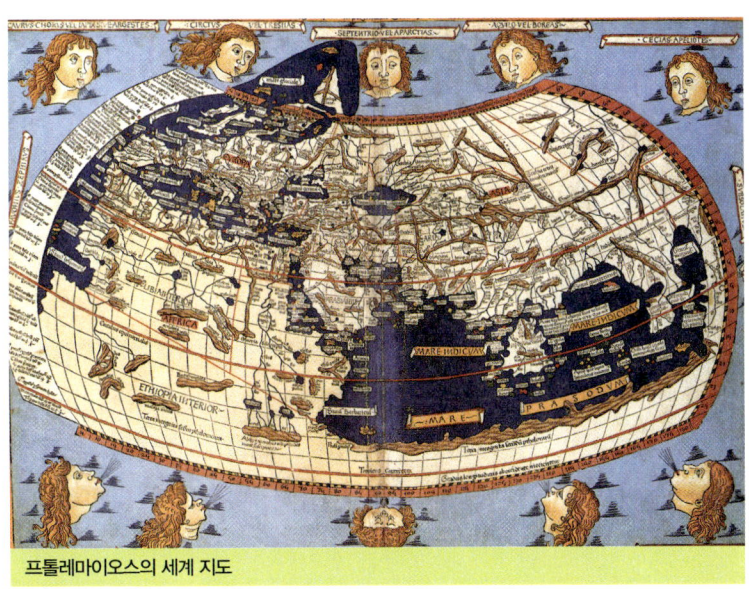

프톨레마이오스의 세계 지도

우리나라가 처음 등장한 서양지도

이드리시 세계 지도는 균형이 잡힌 둥근 모양이며, 그때까지 나왔던 세계 지도에 아시아 지역에 관한 새로운 지식을 많이 추가하였다. 또 이것은 서양 사람들의 지도에 우리나라가 처음으로 등장한 세계 지도이기도 하다. 이 지도에는 신라는 금이 많아서 개를 묶는 줄도 금으로 만든다고 쓰여 있다.

지구 반대편에는 어떤 친구가 살고 있을까?

만약에 두더지처럼 지구 중심을 향해 파 내려가 한가운데 있는 핵을 지나 계속 간다면 지구 정반대편이 나올 것이다. 북극에서 지구 중심을 지나 똑바로 반대편으로 파 올라가면 남극이다. 이때 북극에게 남극은 유식한 말로 대척점이다. 대척점(antipodes)은 그리스어로 '발이 거꾸로 달린 사람'이라는 뜻이다. 옛날 유럽인들은 남반구에 사는 사람들은 발이 머리에 달려 있을 거라고 믿었다고 한다. 그만큼 지구 반대편은 호기심의 대상이자 두려움의 대상이었다.

지구상에서 대척 관계에 있는 두 곳은 낮과 밤이 반대이다. 주의할 것은 기후가 반대는 아니라는 점이다. 적도 주변에 사는 사람이 더위에 지쳐 시원한 곳을 찾는답시고 대척점으로 간다면 어떻게 될까? 안타깝게도 그곳은 똑같이 더운 육지이거나 더운 바다일 확률이 매우 높다. 하지만 같은 적도 부근이라도 인도네시아의 자카르타에 사는 사람이 대척점으로 가면 서늘한 콜롬비아의 고산 도시 보고타가 나온다. 덥지 않은 땅을 찾는 데 성공한 셈이다.

지구에서 우리나라 반대편은 우루과이 친구들이 노니는 앞바다이다. 그럼 우리나라처럼 중위도에 위치한 에스파냐 세비야의 대척점은 어디일까? 뉴질랜드의 오클랜드이다. 적도 주변이나 극 지역과 달리 중위도 지역은 계절이 서로 반대이다. 세비야가 여름이면 오클랜드는 겨울이니, 여름에 세비야에서 대척점을 찾아 나선 사람은 반드시 오리털 파커를 준비해야 한다.

지구를 반으로 쪼개 볼까? ❶

수박을 자를 때처럼 지구를 반으로 쪼개라고 하면 흔히 북반구와 남반구로 나눈다. 북반구는 적도를 기준으로 지구를 쪼갰을 때 북극 쪽의 반원이다. 그러고 나면 남은 남극 쪽 반원은 자연스럽게 남반구다. 적도선은 지구본에 그려진 많은 가로선 중에서 가운데 있는 선이다.

그런데 지구는 둥그니까 적도가 아닌 다른 선을 기준으로 잘라 볼 수도 있다. 세로로 그어진 선인 경선을 기준으로 지구를 잘라 보자. 지구본 위에 그려진 많은 세로선 중에서 중심이 되는 기준은 경도 $0°$선(본초 자오선)이다. $0°$선은 영국의 그리니치 천문대를 지나는 선으로, 세계 시간을 정하는 기준선이기도 하다. 이 $0°$선에서 동쪽으로 이동하여 동경 $180°$선까지를 동반구, 반대편인 $0°$선부터 서경 $180°$선까지를 서반구라고 한다. 실제로 서경 $180°$선과 동경 $180°$선은 같은 선이다. 동반구에는 유라시아 대륙, 아프리카 대륙, 오세아니아 대륙, 남극 대륙의 반 이상이 있다. 따라서 동반구는 서

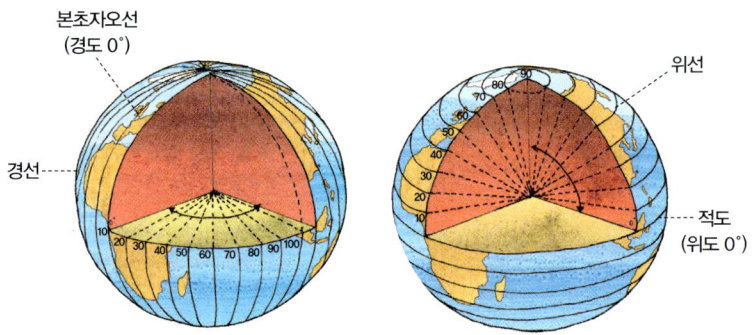

본초자오선
(경도 $0°$)

경선

위선

적도
(위도 $0°$)

반구에 비해 육지의 면적이 압도적으로 넓고, 나라 수와 인구수도 훨씬 많다.

위선과 경선

북극을 위로 놓고 볼 때 세로선을 경선, 가로선을 위선이라고 한다. 경선은 북극과 남극 사이에 그려진 선으로 호(arc)이다. 영국의 그리니치 천문대를 지나는 선을 경도 0° 본초 자오선이라고 한다. 본초 자오선 정반대편에는 경도 180° 날짜 변경선이 있다. 그리고 본초 자오선과 날짜 변경선 사이에 본초 자오선의 동쪽에는 동경, 서쪽에는 서경으로 불리는 많은 세로선이 지난다. 위선은 경선과 직각으로 적도와 평행하게 그려진 원(circle)이다. 적도는 위도 0°이며, 북극은 북위 90°, 남극은 남위 90°이다. 경도 1°의 간격은 적도에서 넓고 극으로 가면서 좁아지지만, 위도 1°의 간격은 어디서나 대략 111km 정도로 비슷하다.

지구를 반으로 쪼개 볼까? ❷

또 다른 기준으로 둥근 지구를 두 조각으로 쪼개 볼까? 지구는 스스로 빛을 내는 별이 아니지만 우주에서 본 지구는 푸른색을 띠고 있다. 지구가 푸르게 보이는 것은 지구를 덮고 있는 바다 때문이다. 그럼 서반구보다 바다가 더 많이 포함될 수 있는 반원과, 동반구보다도 육지가 더 많이 포함될 수 있는 반원으로 쪼갤 수 있을까? 있다.

세계 지도를 쫙 펴 보면 육지와 바다의 면적이 비슷하게 보이거나 육지 면적이 더 넓게 보인다. 그건 육지를 중심으로 지도를 그렸기 때문이지, 실제로는 육지가 차지하는 면적이 바다보다 훨씬 좁다. 지구 표면에서 육지가 차지하는 비중은 정확히 29.2%이니까.

아무튼 이런 지구에서 육지가 많은 반구는 육반구, 바다가 많은 반구는 수반구이다. 육반구, 수반구 이름은 독일의 '펭크'라는 학자가 붙였다. 북반구의 극은 북극이지만 육반구의 극은 프랑스 루아르 강 하구가 된다. 육반구에 포함된 육지는 지구 전체 육지의 85%나 된다. 한편, 수반구의 극은 뉴질랜드 동남부 안티포데스 제도이다. 수반구는 약 88%가 바다이고, 12%의 육지에는 오스트레일리아, 뉴질랜드, 남아메리카 대륙의 일부만이 포함된다. 정말 대단한 칼질이다.

바로 여기서 재밌는 질문 하나를 던져 보겠다. 전체 육지 면적의 85%가 들어 있는 육반구는 육지와 바다 중 어느 것의 면적이 더

넓을까? 흥미롭게도 육반구에서도 바다 면적이 약 55%를 차지하여 육지보다 넓다고 한다.

6대륙은 어디일까?

지구에는 아주 큰 땅덩어리인 대륙과 아주 큰 바다인 대양이 있다. 그런데 지도를 자세히 보면 아시아, 유럽, 아프리카는 붙어 있는 하나의 큰 땅덩어리이다. 또 북아메리카와 남아메리카도 파나마를 통해 붙어 있다. 하지만 '19세기 이후'의 사람들은 대부분 세계의 대륙을 6대륙 또는 7대륙으로 알고 있다. 더 재밌는 것은 서로 알고 있는 게 조금씩 다르다는 점이다.

6대륙을 유럽, 아시아, 북아메리카, 남아메리카, 오세아니아, 아프리카로 보기도 하고, 유라시아, 북아메리카, 남아메리카, 오세아니아, 아프리카, 남극으로 보기도 한다. 또 유럽, 아시아, 북아메리카, 남아메리카, 오세아니아, 아프리카에 남극 대륙을 더해 7대륙으로 보기도 한다. 아주 오랫동안 이렇게 저렇게 불러 왔기 때문에 이제 와서 어느 것 하나가 정답이라고 말하기는 어렵다.

지도를 보면 모든 대륙이 바다로 둘러싸여 있어서 '대륙이 섬과 같다.'는 생각이 들기도 하지만 유라시아 섬이라고는 하지 않는다. 알아 두자. 세계에서 가장 큰 대륙은 유라시아 대륙이고, 가장 작은 대륙은 오세아니아 대륙이다. 참고로, 세계에서 가장 큰 섬은 북극해 주변에 있는 덴마크령 '그린란드'이다. 아메리카 대륙은 파나

마의 좁은 바다를 경계로 북아메리카와 남아메리카로 나누고, 오세아니아는 대륙으로도 불리는 오스트레일리아와 뉴질랜드와 주변에 있는 2만여 개의 섬을 합쳐서 부르는 말이다. 남극 내륙은 사람이 살지 않는 유일한 대륙이다. 남극이 고향인 사람은 없다는 말이다. 실험과 관찰을 하기 위해 머물고 있는 각국의 몇몇 연구원들 말고는 실제 거주하는 사람이 없다.

한편, 대륙은 구세대, 신세대처럼 구대륙과 신대륙으로 구분해 부르기도 한다. 구대륙은 15세기에 유럽인이 새로운 항로를 개척하기 전부터 알려져 있던 대륙이라는 뜻으로, 유럽, 아시아, 아프리카를 말한다. 구대륙이라고 하니까 왠지 좀 구리지? 그리고 신대륙은 15세기 이후 콜럼버스와 같은 모험가들이 발견한 땅이라는 뜻이고, 북아메리카, 남아메리카, 오세아니아를 말한다.

그럼 5대양은 어딜까?

'대양'이란 '동해'나 '황해'보다 훨씬 더 큰 바다이다. 5대양은 태평양, 대서양, 인도양에다 북극해, 남극해를 추가한다. 사실 북극해와 남극해는 각각 남극과 북극 주변의 바다를 가리키는데, 북극해와 남극해는 3대양과 이어져 있어 세계의 큰 바다를 3대양으로 보는 경우가 많다.

가장 큰 바다인 태평양은 지구상의 육지를 모두 합한 것보다도 넓다. 지구 표면의 3분의 1이나 차지한다. 태평양이란 이름은 세

계 일주를 한 탐험가 마젤란이 붙였는데, 그는 한 달 이상 끝없이
잔잔한 바다만 이어지자 항해 일지에 이 바다의 이름을 '태평양'
(Pacific Ocean, 평온한 바다)이라고 써 놓았다.

　대서양(Atlantic Ocean)은 유럽 및 아프리카와 아메리카 사이의 바
다이며, 그 이름은 고대 그리스 신화에 나오는 '아틀라스의 바다'
(Sea of Atlas)라는 뜻이다. 그리고 인도양은 인도 남쪽에 펼쳐진 넓은
바다를 말한다.

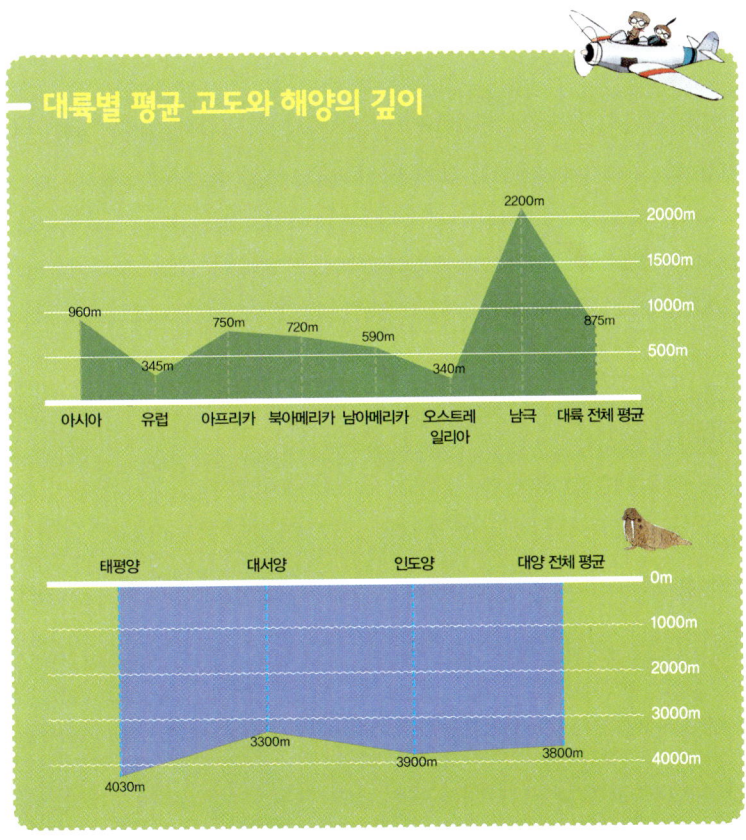

대륙별 평균 고도와 해양의 깊이

아시아 960m / 345m
유럽
아프리카 750m
북아메리카 720m
남아메리카 590m
오스트레일리아 340m
남극 2200m
대륙 전체 평균 875m

2000m
1500m
1000m
500m

태평양 4030m
대서양 3300m
인도양 3900m
대양 전체 평균 3800m

0m
1000m
2000m
3000m
4000m

유럽은 아시아와 붙어 있는데 왜 대륙이라고 할까?

우랄 산맥을 경계로 서쪽 땅은 유럽, 동쪽 땅은 아시아라고 한다. 사실 제2차 세계대전 후 국제연합(유엔)이 우랄 산맥 서쪽에서 러시아 영토를 뺀 지역을 가리켜 유럽 대륙이라 불렀다. 당시 유럽 대륙은 고작 '인도'만 하다. 유럽은 전체 면적을 합쳐도 러시아보다 작다. 그래서 유럽을 유라시아 대륙에서 서쪽 바다인 대서양을 향해 튀어나온 반도라고 해도 될 것 같다. 하지만 아직까지 유럽 반도라고 쓰인 지리책은 보지 못했다.

한마디 더 하자면 '유라시아 대륙'이라는 이름에서 아시아보다 훨씬 작은 유럽의 이름이 앞에 나와 있는 것도 좀 이상하다.

이건 모두 유럽 사람들의 작업 결과이다. 역사적으로 유럽인들은 자신들이 사는 작은 땅을 대륙이라는 크고 위대한 이름으로 높이는 데 성공했다. 유럽인의 이와 같은 작업 덕분에 세상 모든 사람들이 유럽의 위상을 아시아나 아프리카보다도 더 높이 쳐주게 되었다.

대체 언제부터 유럽이 이처럼 콧대가 높아진 것일까? 18세기 중엽에 영국에서 산업혁명이 일어났지만, 19세기 이전까지도 세계의 중심은 동아시아나 이슬람 지역이었다. 그러나 19세기 중반(아편전쟁 이후)부터 유럽이 동아시아를 뛰어넘으면서 유럽인들은 자신들을 중심으로 세계사를 새로 쓰기 시작했다. 유럽인은 처음부터 잘났다는 식으로 말이다. 일본만이 역사를 왜곡한 것이 아니었다. 잘난 유럽이 세계를 지배하는 것은 당연하다는 식으로 세계 모든 사

람들을 교육시켰다. 많은 진실이 왜곡되었는데, 그중에서도 지리적으로 가장 대표적인 것이 바로 '유럽 대륙'이라는 말이다. 여기에 학자들까지 적극적으로 나서서 중국보다도 작고 인도 정도 크기인 유럽이 세계의 중심인 양 쓰기 시작했다.

그렇게 100년이 넘는 시간이 흘렀고, 세계의 많은 사람들이 과학 기술이나 경제 수준 외에 다른 것조차도 유럽이나 미국을 중심으로 보게 되었다. 책이나 텔레비전을 보면 유럽이 하나의 대륙이고, 아메리카라는 미국 이름을 딴 대륙이 지구에는 2개나 있고, 영국과 미국 계열 국가인 호주가 하나의 대륙이라고 나온다. 이 모든 것이 당연한 사실인 줄 알지만 그건 유럽 사람들의 교묘한 작업 때문이었다. '신대륙 발견'이라는 말도 어이없다. 아메리카와 오스트레일리아에는 오래전부터 살던 원주민들이 있었는데, 유럽인은 마치 텅 빈 땅을 발견한 것처럼 이름을 붙여 놓았다. 쯧쯧!

아시아는 어디에서 어디까지일까?

아시아라는 이름은 왠지 외국 말 같지 않고, 세종대왕님께서 붙여 주신 순우리말처럼 느껴지지? 하지만 '아시아'라는 이름은 고대 메소포타미아의 북서부에서 쓰이던 '아수'(동쪽)라는 말에서 나왔다. 그것은 '그리스 동쪽 땅', 그러니까 그리스가 있는 지중해 연안에서 인도의 인더스 강까지 펼쳐져 있는 지역을 가리켰다. 이 지역은 다른 말로 '오리엔트'라고도 했다. 고대인들은 아시아를 그렇게 생각했지만, 지금 아시아는 우랄 산맥과 카스피 해에서 동쪽으로 태평양 연안까지 이르는 광활한 땅을 일컫는다.

유럽을 떼어 놓고 봐도 아시아는 세계에서 가장 큰 땅덩어리이다. 아시아는 동에서 서로 약 9700km(동경 26°~서경 170°), 남에서 북으로 약 8690km(북위 77°~북위 1°)이다. 엄청난 크기만큼 해안선의 길이도 지구 세 바퀴에 해당하는 약 12만 9000km나 되고, 섬을 제외한 대륙만 쳐도 면적이 약 4400만 km²이다. 이는 세계 육지 면적의 약 30%이며, 남북한을 합친 면적의 약 200배 크기이다. 아시아 동쪽 끝과 서쪽 끝의 표준 시간 차이는 11시간이나 난다.

아시아 북쪽 끝은 시베리아 북부로 북극해에 닿고 일 년 내내 거

북극해

베링 해협

카스피해

뉴기니섬

의 얼어 있는 땅이다. 아시아 남쪽 끝은 적도 주변의 싱가포르를
지나 인도네시아의 여러 섬이 있는 남반구에까지 이른다.

아시아 동쪽 끝은 북아메리카의 알래스카로 건너가기 직전에 있
는 좁은 바다인 베링 해협까지이고, 서쪽 끝은 그리스로 건너가기
직전에 있는 에게 해까지이다. 나머지 유럽과의 경계는 우랄 산맥
남쪽의 카스피 해, 흑해, 지중해이고, 아프리카와의 경계는 홍해이
다. 인도네시아와 파푸아뉴기니가 반씩 차지하고 있는 뉴기니 섬은
아시아가 아니라 오세아니아라는 사실도 기억해 줘!

여름에 해수욕을 하기 힘든 나라가 있을까?

아프가니스탄, 오스트리아, 부탄, 볼리비아, 이 나라들을 지도에
서 찾으면 어떤 공통점이 있을까? 모르겠다고? 몇 나라를 더 말해

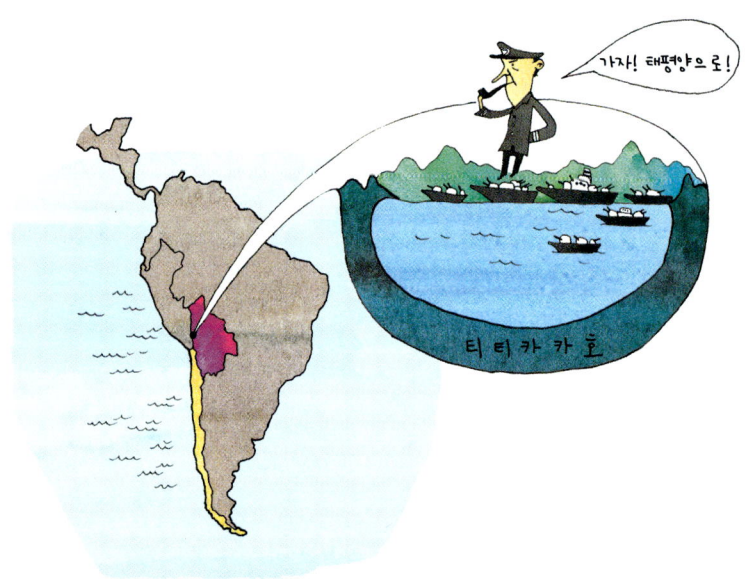

볼까? 체코, 슬로바키아, 라오스, 몽골, 짐바브웨를 찾아보자. 느낌
이 오지? 바로 국경선이 바다와 접하지 않은 나라들이다.

국토가 바다에 닿아 있지 않은 나라가 세계에는 40여 개나 된다.
이런 나라들은 지도에서 보기에도 답답한데 실제로도 답답하다.

바다가 없으면 자원의 보고인 대륙붕이나 영해, 경제 수역 200
해리 등 바다에 대한 권리를 주장하기 어렵다. 또 바닷길을 통해
다른 나라로 원료나 물건을 운반하기도 어렵고, 한다고 해도 비용
이 많이 들어 무역에도 불리하다.

러시아처럼 큰 나라도 일 년 내내 항구로 쓸 수 있는 바다를 얻
으려고 열심히 영토 확장을 했다. 러시아의 바다는 주로 북극해로
열려 있기 때문에 얼어 있는 기간이 길어서 항구를 건설하기가 어

렵다.

　바다의 중요성을 알려 주는 예가 더 있다. 라틴아메리카의 볼리비아는 약 130년 전에 칠레와 벌인 전쟁에서 패한 뒤 120km²에 이르는 영토와 400km 길이의 태평양 연안을 잃고 내륙국이 되었다. 그 후 볼리비아의 국력은 급격히 쇠퇴하였다. 2010년, 볼리비아 대통령은 "볼리비아가 태평양을 향한 출구를 마련하는 것은 국가의 사활이 걸린 문제"라며 열변을 토했다. 볼리비아는 지금도 페루와의 경계이자 세계에서 가장 높은 곳에 위치한 티티카카 호에서 170여 척의 함정으로 군사 훈련을 실시하는 등 태평양 진출을 향한 꿈을 버리지 않고 있다. 볼리비아뿐 아니라 카자흐스탄이나 스위스도 내륙국인데 해군을 육성하고 있다. 이 나라들을 보니 우리나라 동해, 황해, 남해가 더 소중하게 느껴지지 않니?

★ 이중 내륙국 : 내륙국에 둘러싸인 내륙국으로, 유럽의 리히텐슈타인과 중앙아시아의 우즈베키스탄이 이에 해당한다.
★ 한 나라에 안에 있는 내륙국 : 산마리노와 바티칸 시국(이탈리아), 레소토(남아프리카 공화국)

섬나라는 무엇이 다를까?

　라틴아메리카 대륙에서 약 1000km 서쪽으로 떨어진 갈라파고스 군도는 1000여 개의 섬으로 이루어진 곳이다. 에콰도르 영토인 갈라파고스의 여러 섬에는 다른 곳에서는 살지 않는 독특한 동물이 살고 있다. 예를 들어 바다 이구아나, 날지 못하는 가마우지, 체중이 300kg이나 되는 코끼리거북은 갈라파고스에만 있는 동물이다. 그래서 갈라파고스를 살아 있는 화석 섬이라 부른다. 갈라파고스 하면 진화론을 쓴 다윈이 떠오른다. 갈라파고스는 다윈 때문에 유명해진 섬이지만, 어떻게 보면 다윈은 갈라파고스라는 섬 때문에 유명해졌다. 1835년에 다윈은 이 섬에서 부리가 짧은 핀치 새 13종을 발견했다. 다윈은 이것들을 관찰하여 수천 년 전 남아메리카 대륙에서 건너온 하나의 종이 고립된 환경에서 서로 다르게 진화한 것임을 알아냈다.

사실 이런 현상은 태평양의 여러 섬에서도 나타난다. 실제로 미크로네시아, 폴리네시아, 멜라네시아 등 여러 섬의 생태계와 문화를 보면 다른 곳과 오랜 세월 동안 격리됨으로써 독특한 특징을 보여 준다. 특히 멀리 떨어진 섬은 외부 문화의 영향을 뒤늦게 받는 경우가 많다.

하지만 모든 섬이 그런 것은 아니니 고정관념을 갖지는 말자. 섬은 위치에 따라서 교통의 중심이 되기도 한다. 홍콩, 싱가포르, 하와이, 괌 등은 통신·급수·급유 같은 시설을 갖춘 무역항, 항공 기지, 어업 기지로 매우 중요하다. 또 섬이라도 대륙 가까이에 위치한 영국, 일본, 인도네시아 등은 유럽 대륙, 아시아 대륙과 교류하면서도 바다를 사이에 두고 있어서 오히려 다른 나라의 침략을 막고 섬의 독특한 문화를 발달시키는 데 유리한 환경이 되었다. 일본이 몽골의 침략을 벗어날 수 있었던 것도 바로 섬나라였기 때문이다.

국경선은 어떻게 정해질까?

지구에는 수많은 나라가 있고 사연도 가지가지여서 국경선의 형태도 다양하다. 보통 국경선은 바다, 산, 강 같은 자연적인 경계의 영향을 받는 경우가 많다. 미국과 러시아는 좁은 바다인 베링 해, 유럽의 프랑스와 에스파냐는 피레네 산맥이 국경이다. 한반도와 중국의 국경선은 압록강이다. 그런가 하면 민족이 많이 사는 곳을 경계로 국경선이 만들어진 경우도 있다. 유럽 국가들이 주로 이렇게 만들어졌는데, 그래서 유럽에는 같은 민족으로 구성된 나라가 많다.

한편 아프리카, 서아시아, 북아메리카에서는 경선과 위선을 따라 그어진 독특한 국경선이 있다. 그중에서도 아프리카의 직선 경계선은 너무도 유명하다. 아프리카에는 국가 대표 축구 선수끼리 말이 전혀 통하지 않는 경우도 있다. 서로 다른 언어를 쓰는 부족을 합

─ 국경
─ 부족 경계선

쳐서 하나의 나라를 만들었기 때문이다. 왜 나라를 그렇게 만들었냐고? 그건 그들이 원해서 된 것이 아니다.

산업혁명 이후 부강해진 유럽인에게 아프리카는 유럽에서 가깝고 산업에 쓸 수 있는 자원과 값싼 노동력을 가진 땅이었다. 당시 아프리카는 주로 부족 단위로 살고 있었고, 나름대로 부족 간 경계가 있었다. 지금도 많은 아프리카 사람들이 국가보다는 부족을 중요하게 생각하지만, 그때는 더했다.

아프리카는 유럽인이 보기에는 잘 차려 놓은 밥상과 같았다. 유럽인들은 무력으로 아프리카를 식민지로 만들었다. 그리고 자기들 맘대로 땅을 나누어 가졌는데, 이때 기존의 왕국이나 민족의 세력 범위를 고려한 경우도 있었지만 이를 무시하거나 오히려 갈라 놓은 경우도 많았다. 특히 사하라 사막이나 칼라하리 사막 지역은 거의 조사도 하지 않고 탁자에 앉아서 마음대로 국경선을 정했다. 이렇게 그어진 국경선 때문에 하나의 부족이 둘로 갈라졌고, 미워하던 부족이 한 나라가 되었다. 오늘날 소말리아, 콩고, 르완다 등 여러 아프리카 국가에서 아프리카인끼리 싸우는 잔인한 전쟁은 과거 유럽인들의 침략에 그 뿌리를 둔 경우가 많다.

세계는 공평할까, 아니면 울퉁불퉁 불공평할까?

돈이 최고라고 생각하는 사람은 1인당 국민 소득을 기준으로 세계를 본다. 그럼 한번 살펴보자. 유럽의 작은 나라 룩셈부르크가 1

위로, 자그마치 10만 달러를 넘는다. 소득 순위는 해마다 달라지는 것이니 절대 외우지 말자. 국민 소득이 높은 나라는 그렇지 않은 나라에 비해 국민들의 교육 수준도 높고, 생활수준도 높다. 그런가 하면 아프리카나 아시아, 라틴아메리카에는 1000달러도 되지 않는 나라가 많다. 이런 나라의 국민들은 대부분 교육을 제대로 받지 못하고 자신의 권리 또한 제대로 찾지 못하고 있다.

땅이 최고라고 생각하는 사람은 국토 면적을 기준으로 세계를 본다. 국토 면적 1위인 러시아는 약 1709만 km²로 남북한의 면적 22만 km²의 약 77배이다. 다음으로 큰 나라는 캐나다로 약 997만 km²이고, 미국(약 963만 km²), 중국(약 963만 km²)이 그다음이다.

면적이 넓은 나라들은 작은 나라에 비해 좋은 점이 많다. 러시아에 가면 메마른 사막부터 드넓은 초원, 활엽수가 펼쳐진 숲, 침엽수가 펼쳐진 숲 등, 열대의 밀림을 빼고는 대부분 다 볼 수 있다. 또

석유, 석탄, 철광석, 금 등 귀한 자원이 풍부하게 매장되어 있을 확률이 높다. 러시아는 실제로 석유 생산량 2위와 천연가스 생산량 1위를 차지한다. 석유 생산량 1위의 사우디아라비아, 철광석 생산량 1위의 브라질, 석탄 생산량 1위의 중국도 모두 영토가 넓은 나라이다. 그런가 하면 세계에는 쿠웨이트와 피지처럼 우리나라 경상북도나 경기도만 한 나라도 있다.

2010년 가을, 우리나라에서 G20 정상 회의가 열렸다. 우리나라를 포함해 미국, 중국, 일본, 독일, 영국, 브라질, 인도, 러시아 등이 모여 어려운 세계 경제를 살려 보자는 것이었다. 오늘날 세계적으로 영향력이 큰 나라를 20개 뽑아서 G20이라고 하는데, 왜 그런지 살펴보자. 세계에 있는 200개가 넘는 나라 중 20개 나라라면 겨우 10%에 해당한다. 그런데 세계에서 이들이 차지하는 몫이 아주 크다. 이 나라들은 세계 인구의 약 70%, 세계 총생산의 90%, 세계 교역의 80%를 차지하고 있다. 이는 나머지 90%의 나라가 세계 인구의 30%를 차지하며, 세계 총생산의 10%, 세계 교역의 20%를 차지한다는 말과 같다.

정말 세계는 울퉁불퉁 불공평하다는 생각이 든다. 이처럼 불공평한 세계를 조금이라도 공평하게 만들기 위해서는 영향력이 큰 나라들의 생각이 무엇보다도 중요하다. 영향력이 큰 나라들은 세계에 긍정적인 영향을 줄 수도 있지만 이들의 욕심이 전 세계를 아프게 할 수도 있다. 개인이나 국가나 권한이 클수록 그 책임 또한 크다는 사실을 기억하자!

G20에는 어떤 나라가 속하나?

미국, 프랑스, 영국, 독일, 일본, 이탈리아, 캐나다. 이렇게 일곱 나라가 G7이
다. 여기에 유럽연합 의장국, 한국, 아르헨티나, 오스트레일리아, 브라질, 중
국, 인도, 인도네시아, 멕시코, 러시아, 사우디아라비아, 남아프리카공화국,
터키 등 열두 나라를 더해 스무 나라이다. 만약 유럽연합 의장국이 G7에 속
한 나라라면 모두 열아홉 나라가 된다.

세계화 시대를 어떻게 바라봐야 할까?

우리가 사는 세계는 교통과 통신의 발달과 함께 '세계화'라는 이
름으로 빠르게 변하고 있다. 미국에 사는 친구와 화상 전화로 통화
하고, 우리나라에서 의사가 필리핀에 사는 환자를 치료할 수도 있
다. 그런가 하면 아침을 서울에서 먹고, 점심 때 일본 오사카에서
회의하고 저녁에 서울로 돌아오는 생활이 가능하다. 돈이 좀 많이
드는 게 흠이지만.

변화는 이게 다가 아니다. '맥도날드, 코카콜라, KFC, 소니, 나이
키, 아디다스, 벤츠, 푸조'처럼 도대체 어느 나라 회사인지 알 수 없
을 정도로 세계 어디를 가도 만날 수 있는 다국적 기업이 판치는
세상이다. 우리나라에서도 흔히 미국 음식을 먹고, 일본 자동차를
타고, 이탈리아 유명 브랜드 옷을 입는 세상이란 뜻이다. 이 역시
돈이 더 드는 게 흠이다.

세계화란 이렇게 상품이나 자본, 노동, 정보, 기술이 국경의 제한을 받지 않고 조직되고 교환되는 현상을 말한다. 실제로 세계화를 통해 서로 다른 지역 사람들의 삶이 비슷해지는 부분도 있다. 그럼, 이런 변화는 좋기만 할까? 이제 대부분의 사람들이 입지 않는 한복은 사라져도 되는 것일까?

세계화라는 이름으로 세계가 비슷해지는 것 같지만 사실은 어떤 고유의 문화를 닮아가는 것이다. 그런데 신기하게도 아프리카나 아시아의 가난한 나라의 문화를 닮지 않고, 미국이나 영국, 일본 같은 잘 사는 나라의 문화를 닮는다. 그래서일까 미국, 영국, 일본 같은 부자 나라 정치인들과 다국적 기업의 회장님들이 "정치·경제적 장벽을 없애고 모두가 잘 살게 되는 세계화를 하자"고 주장하는 목소리를 가장 크게 낸다.

하지만 세상은 세계화를 주장하는 사람들의 말처럼 모두가 잘 살게 될 것 같지는 않다. 그중에서도 가장 눈여겨봐야 할 점은 빈부의 큰 격차이다. 가까운 주변을 살펴봐도 눈에 띄는 것들이 있다. 늘어나는 세계적인 식당 체인점에 하나둘씩 사라지는 동네 음식점, 대형마트가 하나 생길 때마다 힘겨워하는 동네 구멍가게가 있다. 세계화되는 세상에서 우리는 더 많이 지불해야 하는 삶을 살고 있는데, 그 돈은 어디로 갔을까? 또 사라진 동네 식당 주인과 구멍가게 주인은 어디로 갔을까? 그리고 그 가게 종업원들은 지금 어디서 무엇을 할까?

다국적 기업이란?

다국적 기업이란 여러 국적을 가진 회사이다. 하지만 단순히 해외에 판매점을 둔 정도가 아니라 현지 국가의 국적을 취득한 현지 회사로서 공장이나 판매점을 가지고 있다. 다국적 기업도 처음에는 작은 회사였다. 회사가 커지면서 더 넓은 시장을 확보하기 위하여 해외에 지점을 둔다. 회사가 더 유명해지면 본국에 본사를 두고 해외 여러 나라에 영업 지점과 생산 공장을 가진 다국적 기업이 된다.

2

세계의
기후 이야기

무엇이 기후를 좌지우지하는 걸까?

지구 표면은 아주 복잡하다. 소금물이 가득 찬 푸른 바다도 있고, 암석과 자갈, 모래로 가득한 대륙도 있다. 또 같은 대륙에서도 어떤 곳은 해발고도가 아주 높은 산이 있고, 어떤 곳은 지평선이 보이는 평야가 있다. 믿어지지 않겠지만 바다의 수면보다 낮은 곳도 있고, 어지럽게 자전도 하고 공전도 한다. 이처럼 지표면의 다양한 특성이 태양 빛에 서로 다르게 반응하기 때문에 지구상의 기후는 생각보다 복잡하다.

물론 지구상에서 기온은 적도에서 극으로 가면서 대체로 낮아진다. 태양 빛이 지표면에 수직으로 들어오는 저위도 지방에서는 태양 에너지를 많이 받아 뜨겁다. 반면, 태양의 고도가 낮은 고위도 지방에서는 태양 에너지를 적게 받기 때문에 상대적으로 기온이 낮다.

기후 차이에 결정적인 영향을 주는 것은 위도뿐만이 아니다. 해발고도도 하는 일이 보통이 아니다. 수직적인 기온 변화, 즉 해발고도가 100m 높아질 때마다 약 0.6℃씩 기온이 낮아진다. 평야 지역에서 수평적으로는 100m 이동해서 기온이 0.6℃가 변하는 곳을 발견하기란

쉬운 일이 아니다. 아니, 아주 어렵다. 하지만 알프스 산지나 로키 산지, 안데스 산지 등에서는 주변 낮은 곳과 기온 차이가 매우 뚜렷하다.

위도와 해발고도 외에도 지리적 위치가 기온에 영향을 미친다. 지리적 위치는 어떤 장소가 대륙 서쪽에 있는지 대륙 동쪽에 있는지, 내륙에 있는지 해안가에 있는지 등을 가리킨다. 내륙과 해안의 기후는 바다와 육지가 태양열을 받아서 데워지거나 식는 시간이 다르기 때문에 차이가 나타난다. 육지는 빨리 데워지고 빨리 차가워지며, 바다는 서서히 데워지고 서서히 식는다. 이런 특성들이 기후에 반영되어 코끼리, 호랑이, 흰곰이 사는 곳의 기후가 달라진다.

저위도, 중위도, 고위도

세계에는 열대 기후, 건조 기후, 온대 기후, 냉대 기후, 한대 기후 등 다양한 기후가 있다. 세계의 기후는 뜨거운 저위도에서 찬 고위도로 가면서 위도에 따라 달라진다. 저위도 지방의 열대 기후와 건조 기후, 중위도 지방의 온대 기후와 냉대 기후, 고위도 지방의 한대 기후로 구분된다.

저위도 지방(0°~30°)은 지구로 들어오는 열이 나가는 열보다 많은 곳으로 가장 뜨거운 곳이다. 그래서 이곳의 기후는 덥고 습하거나 덥고 건조하다. 중위도(30°~60°) 지방은 지구로 들어오는 열과 나가는 열이 비슷한 곳으로 4계절이 나타난다. 고위도 지방(60°~90°)은 지구로 들어오는 열보다 나가는 열이 훨씬 많아서 일 년 내내 차다.

기후에 적응할 수 있는 인체의 한계는 어디까지일까?

　인간의 신체적인 한계는 어디까지일까? 환절기면 사람들이 감기에 잘 걸리는데 이때는 열이 38℃, 심한 경우에는 40℃ 가까이 오른다. 40℃ 정도면 위험하니 서둘러 병원으로 가야 한다. 체온이 42℃까지 오르면 죽을 수도 있다. 또 무더운 여름철에 밖에서 계속 놀다 보면 탈수증에 걸리기 쉽다. 인간의 몸은 보통 하루에 1L의 물을 배출하므로, 물이 없다면 7일을 넘기기가 힘들다.

　높은 고지대에 오르면 호흡이 힘들고, 심하면 구토도 한다. 고지대에 사는 주민들이라면 몰라도 낮은 평야 지역 사람들은 4500m 정도가 한계이다. 그 정도만 되어도 산소 부족으로 대부분 의식이 희미해진다. 산소 부족으로 인간이 버틸 수 있는 한계는 보통 2분 정도이며, 훈련으로 11분까지 숨을 참을 수 있다. 고지대 주민들은 일반인들보다 폐가 크고 적혈구가 많아서 괜찮다고 한다. 한편 오지에서 길을 잃는다면 긴 시간 굶을 수도 있다. 얼마 동안 굶고도 살 수 있을까? 사람마다 다르지만 자신의 오줌을 받아 먹는 등 온갖 짓을 다해도 45일 정도가 한계이다.

　배가 난파하여 바닷물 속에 빠지면 어떻게 될까? 찬물은 아주 빨리 체온을 떨어뜨린다. 4℃ 정도의 바다에서는 30분을 넘기기 힘들고 저체온증으로 사망하게 된다. 구명조끼를 입는다면 체온이 낮아지는 속도가 늦춰져 좀 더 버틸 수 있을 것이다. 당장 오늘부터 나의 한계를 늘리기 위해 운동을 열심히 하자. 혹시 나중에 세계 여행을 하다가 극한의 기후에서 어려움을 당할지도 모르니까.

적도가 가장 뜨거울까?

　세계 지도를 보면 적도선에 걸쳐 에콰도르, 브라질, 콜롬비아, 인도네시아, 콩고 민주 공화국 등 여러 나라가 있다. '적도'는 인간이 위치를 파악하기 위해 인위적으로 지구 표면에 만들어 놓은 선이다. 그러니까 적도가 지나는 나라에 여행 가서 존재하지도 않는 적도선을 보겠다고 여기저기 돌아다니면 안 된다. 적도 부근은 둥근 지구에서 열을 가장 집중적으로 받는 곳이다. 그럼 혹시 적도선은 지구에서 연평균 기온이 가장 높은 지점을 이은 선과 일치할까? 정답은 "그렇지 않다."이다. 연평균 기온이 가장 높은 지점을 이은 선을 '열적도'라고 하는데, 열적도는 적도에서 가까운 곳에 있기는 하지만 적도와는 다르다.

　적도와 열적도가 다른 것은 이것만이 아니다. 적도는 1년이 지나든 10년이 지나든 변하지 않는다. 하지만 열적도는 계절에 따라 변덕을 부린다. 또 적도가 직선인 데 비해 열적도는 지렁이처럼 구불구불하다. 열적도는 북반구를 중심으로 보았을 때 여름이면 북위 20°까지 오고, 겨울이면 남반구로 치우친다. 열적도가 지렁이처럼 구불구불 남북으로 이동을 하지만 사실 북반구로 더 많이 들어온다. 이것은 적도 주변의 육지가 남반구

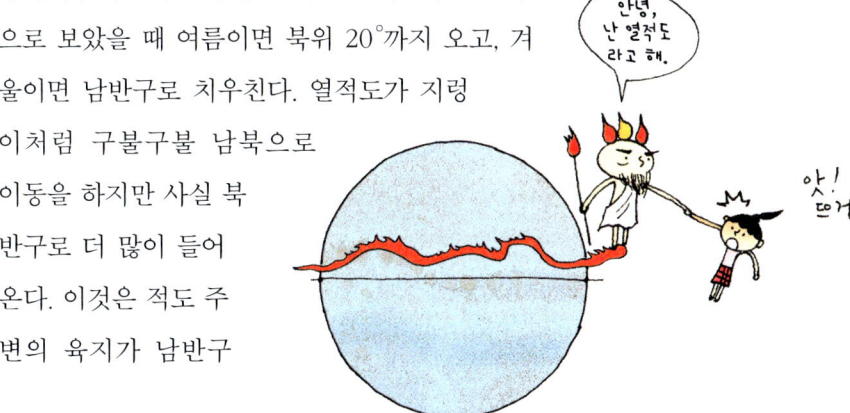

안녕, 난 열적도 라고 해.

앗! 뜨거

보다 북반구가 넓기 때문이다. 알지? 육지는 바다보다 쉽게 뜨거워지는 거!

정글은 어떤 곳일까?

헬리콥터를 타고 높이 올라가 하늘에서 보면 정글은 크고 작은 나무들로 가득하다. 햇빛을 향해 경쟁적으로 40~50m까지 키가 자란 나무들은 정말 인상적이다. 나무가 너무 빽빽한 나머지 정글 안은 대낮에도 플래시를 터뜨려야 사진이 잘 나올 만큼 어두운 편이다. 정글에는 마호가니, 티크, 흑단 등 가구나 배를 만드는 데 쓰이는 단단한 나무가 많다. 특히 인도네시아의 보르네오 섬에서 자란 나무는 세계 곳곳에서 가구가 되어 우리 생활에 쓰이고 있다.

정글은 동남아시아에서 밀림을 일컫는 말이며, 라틴아메리카의 아마존 강 유역에서는 '셀바스'라 한다. 우리나라 말로는 밀림, 열대림, 열대 우림이라고 부른다.

브라질 아마존 강 유역 열대 우림

    정글은 낮에도 덥고 밤에도 덥지만, 낮과 밤의
평균 기온 차가 겨울과 여름의 평균 기온 차보다 크다. 정글이 나
타나는 적도 지역은 일 년 내내 우기이다. 거의 날마다 비가 내
린다. 그렇다고 해도 강수량이 매달 똑같지는 않고, 많은 달은
400~500mm 이상도 된다. 하지만 이곳의 비가 장마처럼 하루 종
일 내리는 것은 아니니 우울증 걱정은 안 해도 된다. 오히려 열대
지역의 주민들은 이런 자연에 순응하며 잘 살고 있고, 성격도 낙천
적이라고 한다.

    그럼 정글의 비가 어떻게 내리는지 잠깐 볼까? 정글은 밤에 기온
이 좀 낮아졌다가 해가 뜨면 바로 기온이 오르기 시작한다. 뜨거운
태양은 많은 양의 물을 하늘로 증발시키고, 오후가 되면 증발된 수
증기가 여지없이 소나기로 내린다. 이때는 갑자기 어두워지며 바람

이 불고, 풍향도 막 바뀐다. 우르르 쾅쾅 하는 천둥 소리와 함께 하늘이 갈라질 듯 번개가 치고, 닭똥같이 굵은 빗방울이 내린다. 좀 무섭다는 생각도 들 만큼. 하지만 다행히도 몇십 분에서 한두 시간이 지나면 언제 그랬냐는 듯이 다시 맑은 하늘이 나타난다. 이런 현상을 '스콜'이라고 하는데 하루에 두 번 발생할 때도 있다. 스콜은 적도 주변에서만 나타나는 독특한 기후 현상이면서 이곳이 정글이 된 중요한 원인 중 하나이다. 햇살과 비가 무성한 숲을 만든 것이다.

정글은 어디에 있을까?

정글 하면 왠지 가 본 것 같고 잘 알고 있는 곳 같지만, 사실 정글을 배경으로 한 영화나 만화를 많이 봐서 그렇지 여러분 가운데 정글 깊숙이 들어가 본 사람은 그리 많지 않을 것이다. 그리고 영화 배경으로 아마존이 많이 나오다 보니 남아메리카의 아마존 정글이나 아프리카의 콩고 정글이 먼저 떠오르는데, 알고 보면 아시아의 인도네시아 보르네오 섬, 셀레베스 섬 등에도 정글이 있다.

정글이 여기 있다, 저기 있다 그러니까 좀 헷갈리지? 사실 앞에서 말한 세계적으로 유명한 정글은 닭 꼬치처럼 하나의 나뭇가지로 꿸 수 있다. 지도를 보면 바로 '적도'라는 나뭇가지가 정글이 있는 곳 대부분을 쭉 꿰고 있다. 그리고 적도는 아니지만 적도 가까이에 있는 저위도 지역 중에서 계절풍(몬순)의 영향을 받는 열대 몬순 지역에 정글이 나타난다. 동남아시아, 남부 아시아, 뉴기니 섬 등이 그러하다. 이런 곳의 정글을 열대 몬순림이라 부르기도 한다.

기후가 정말 동물의 낙원을 만들었을까?

탄자니아에서 동물들은 바쁘다. 사파리를 구경하러 온 외국 관광객들 상대로 돈 벌랴, 화폐 모델로 활동하랴……. 세종대왕과 신사임당 같은 훌륭한 분들이 화폐의 모델인 우리나라나 역대 대통령이 모델인 미국에 비하면 동물이 화폐 모델인 탄자니아는 좀 독특해 보인다.

남아프리카공화국 역시 표범, 버펄로, 사자, 코끼리, 코뿔소 등 '빅5'가 화폐 모델이다. 동물의 세계는 사자가 동물의 왕이지만, 화폐에서는 코끼리나 표범이 왕으로 최고액권 모델이다. 동물이 이처럼 대접받는 이 땅을 사람들은 동물의 낙

남아프리카공화국 화폐

원이라 부른다. 동물의 낙원은 어른 키만큼 긴 풀로 뒤덮인 초원에 가지가 우산처럼 펼쳐진 나무가 드문드문 서 있는 모습을 하고 있다. 이 초원은 세계 여러 대륙 중에서도 아프리카 대륙에 가장 넓게 펼쳐져 있다.

이곳에는 뜨거운 여름과 추운 겨울 대신 비 많은 여름과 건조한 겨울이 있다. 1년 중 절반이 장마철이고, 나머지 반은 사막처럼 건조하다. 건조한 기간에는 나무가 성장을 멈추기 때문에 이곳의 나무는 키가 작다. 그리고 물이 부족한 기간이 길기 때문에 나무들이 간격을 넓게 두고 서 있다.

건기에 초록 풀이 누런 빛깔의 옷으로 갈아입으면, 초식 동물은 초록 풀과 물을 찾아 떠난다. 이때 이동을 하지 않는 사자나 치타는 먹이 사냥이 더욱 어려워진다. 하지만 5~6개월 지난 후 우기가 오면 거북 등처럼 갈라졌던 땅에서 다시 신선한 초록 풀이 올라오고, 초원은 얼룩말, 누, 영양 들에게 맛있는 밥상이 된다. 초식 동물과 육식 동물 모두 이때를 맞춰 새끼를 낳는다. 정말 기막히게 과학적인 자연의 조화이다.

사바나 지역의 건기가 초식 동물에게 긴 이동을 강요하고, 육식 동물에게는 배고픔의 고통을 주는 것이 사실이다. 그런데도 사바나 기후 지역이 동물의 낙원이 되는 것은 바로 그 고통스러운 건기 때문이다. 만약 건기가 없다면 사바나 지역은 키 큰 풀이 펼쳐진 열대 초원이 아니라, 일 년 내내 내리는 비로 정글(열대우림)과 같은

사바나 기후 지역(탄자니아 세렝게티)

곳이 될 것이기 때문이다. 긴 이동 끝에 어김없이 찾아오는 누 떼처럼 1년을 주기로 어김없이 찾아오는 건기와 우기의 조화가 바로 동물의 낙원을 만든 것이다.

라틴아메리카의 고대 문명은 왜 고산에서 꽃피었을까?

1492년 콜럼버스가 도착하기 수만 년 전부터 아메리카에는 사람들이 살고 있었다. 그들은 마야 문명, 아스텍 문명, 잉카 문명 등 우리가 한번쯤 들어 본 적이 있는 화려한 문명의 꽃을 피웠다. 그곳에 아주 그럴듯한 도시가 있었다는 뜻이다.

우리가 알고 있는 4대 문명은 강을 중심으로 발달했지만, 마야

고산 도시 마추픽추(페루)

문명은 멕시코에서 과테말라에
이르는 고산 지대, 아스텍 문명은 멕
시코 고원, 잉카 문명은 페루와 볼리비아
의 고산 지대에서 발달했다. 고산 지대에서 발
달한 문명이라고 얕잡아 보면 안 된다. 훗날 아
스텍 문명을 낳은 마야인들은 2000~3000년 전에
태양신을 모시는 종교, 날씨를 예측하고 별을 관측하는
과학, 숫자와 달력을 쓰는 수학 등을 발달시켰다.

　보통 사람은 수천 m 이상 높은 산에 오르면 고산병
에 시달린다. 기압이 내려가고 산소가 부족해 두통과
구토 증상이 일어난다. 심한 경우에는 정신이 혼미해지고,
감각 기관에 이상 현상이 나타난다. 또 강한 자외선 때문에 피부에
염증도 생긴다. 그런데 이곳 주민들은 오랫동안 그곳에서 살아왔기
때문에 아무렇지도 않다. 마치 우리나라 사람이 추위와 더위에 잘
견디는 것처럼.

　그런데 이 사람들이 수천 m의 산 위에 어떻게 모여 살 수 있었을
까? 산 위라고 해서 모두 미끄러운 급경사만 있는 것은 아니다. 완
만한 경사를 가진 곳도 있고, 비교적 평평한 곳도 있다. 완만하게
경사진 곳은 계단식으로 깎아서 농토를 만들었고, 한쪽에는 집도
지었다. 아메리카 적도 주변은 무더운 열대이지만 고산 지역에서는
10℃ 안팎의 기후가 일 년 내내 나타난다. 기온은 1000m 산 위로
올라가면 약 6℃ 정도 낮아진다. 그러니 산 아래가 30℃의 무더운
곳이라 해도 3000m 올라가면 약 12℃ 정도로 우리나라의 봄 같은

기후이다. 무더울 것 같은 적도 주변의 고산에서 고대 문명을 꽃피운 진짜 주인공은 '기후'였다.

낙타는 어떻게 사막에서 살아갈까?

낙타는 인간이 숨조차 쉬기 힘든 사막에서 키 작은 풀이 가득한 초원까지 먼 거리를 걸을 수 있다. 낙타는 상인에게는 짐을 운반하는 트럭이며, 사람의 이동을 돕는 자동차이기도 하다. 낙타가 사람에게 이로운 점은 이뿐만이 아니다. 유목민에게 낙타 젖은 음료수, 낙타 고기는 식량, 낙타의 가죽은 신발과 가구가 되었다. 낙타는 물건이 부족하고 구하기도 쉽지 않은 사막에서 생필품을 얻을 수 있는 알뜰 마트이다.

혹처럼 생긴 낙타의 등에는 무엇이 들었을까? 물인 줄 아는 사람이 있는데, 낙타의 등은 지방으로 채워져 있다. 낙타는 물이 필요할 때 이 지방을 분해시켜 15일 정도 살 수 있다. 이때는 신기하게도 혹이 점점 작아진다. 이 밖에도 신비한 점이 또 있다. 낙타는 발바닥이 넓기 때문에 모래에 빠지지 않고 잘 다닐 수 있으며, 콧구멍을 막을 수가 있어서 모래바람이 불어도 걸을 수도 있다.

낙타는 아주 오랫동안 태양이 회귀하는 길가에서 살았다. 태양

낙타와 사람(인도 북서부 라자스탄 사막)

이 회귀하는 길이란 태양이 가장 높게 뜨는 날(하지)에 태양이 머리 위를 수직으로 지나가는 곳인 남·북위 23.5°의 회귀선을 말한다. 회귀선이 남·북위 23.5°인 이유는 지구의 자전축이 23.5° 기울어져 있기 때문이다. 회귀선을 중심으로 위도 20°~30° 지역은 아프리카의 사하라 사막, 아라비아 룹알할리 사막, 호주의 그레이트 샌디 사막처럼 사막이 많다. 이곳에 사막이 많은 데도 다 이유가 있다. 적도에서 하늘 높이 올라간 공기가 고위도 쪽으로 이동하면서 차가워져 위도 30° 부근에서 지표면으로 내려온다. 이때 지표의 복사열을 받으면 온도가 올라가고 건조해진다. 그 결과 비보다 증발되는 수증기의 양이 더 많아져 사막이 발달한다.

정말 바다가 사막을 만들었을까?

바닷가는 물이 넘쳐나고 바람도 많아서 공기 중에 수분도 충분할 것 같은데, 그런 바닷가에 발달한 사막이 있다. 바로 아프리카 대륙 서쪽 해안에 발달한 나미브 사막과 남아메리카 대륙 서쪽의 아타카마 사막이다.

아프리카의 '나미비아'라는 나라는 나미브 사막에서 이름을 따왔다. '나미브'는 이곳 원주민 말로 '아무것도 살 수 없는 황량한 땅'이라는 뜻이다. 말만 들어도 '사막이구나!' 하는 생각이 든다. 나미브 사막은 나이가 자그마치 수천만 살인 아주 오래된 사막이다.

나미브 사막 서쪽으로는 찬 바닷물인 벵겔라 한류가 남극 쪽에

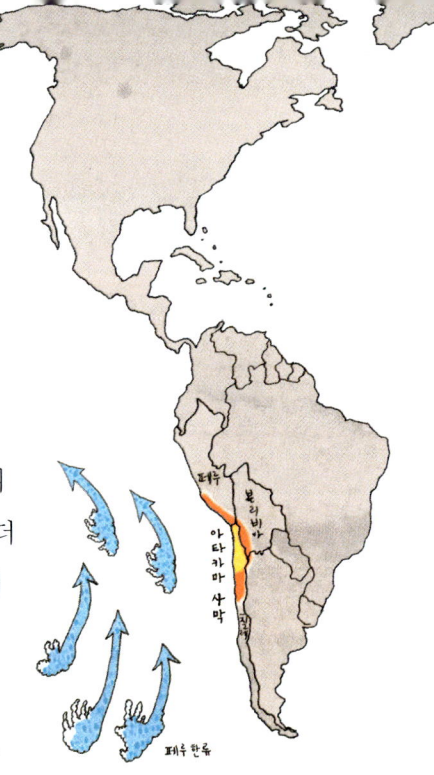

서 아프리카 남서 연안을 따라 적도 쪽으로 흐른다. 중위도 대륙 서안에는 한류 때문에 차고 습한 공기가 들어오고, 지표면 가까이에 차고 무거운 공기가 깔리게 된다. 그러면 지면에서 멀리 떨어진 높은 곳의 공기보다 지면에서 가까운 공기가 더 차가워지므로 대기가 상승하지 못하여 구름이 만들어지지 않는다. 비가 내리려면 대기가 상승하여 높은 곳으로 올라가서 비구름이 되어야 하는데, 구름이 없으니 비도 안 내린다.

아타카마 사막 역시 라틴아메리카 대륙의 서쪽 해안에 있으며, 그 옆으로는 페루 한류가 흐른다. 아타카마 사막은 세계에서 가장 건조한 사막으로 알려져 있으며, 어떤 지역은 몇 년 동안 강수량이 전혀 없는 곳도 있다. 이곳은 풀 한 포기 없는 불모지대가 넓게 펼쳐져 있고, 소금의 퇴적층과 진흙으로 덮인 지역이 많다.

이런 사막에서는 차가운 바닷물 때문에 해안에 자주 안개가 끼는데, 이 안개를 이용해서 물을 얻는다. 해안에 여러 겹의 그물

사막이라고 걱정 마셔. 안개를 잡으면 된다고!

을 쳐 놓으면 그물코마다 작은 물방울이 맺힌다. 그 물방울은 그물 밑에 설치된 깔때기와 파이프를 타고 물탱크에 모인다. 안개가 한 번 끼면 약 10만 L 정도의 물을 얻을 수 있다고 한다. 이 물을 농업용수로도 쓰고 생활용수로도 쓴다.

★ **해류** : 바닷물의 흐름(해류)은 항상풍(탁월풍)과 해수의 밀도 차이로 인해 일정한 방향으로 물이 이동하여 생긴다. 해류는 항상풍인 무역풍, 편서풍, 극동풍의 방향을 생각하면 이해가 쉽다. 북반구에서는 시계 방향으로, 남반구에서는 시계 반대 방향으로 흐른다.

사막에도 홍수가 날까?

1년 동안 사막의 강수량은 보통 250mm를 넘지 않는다. 이건 인간이 알아낸 사막의 비밀이다. 그런 사막에 홍수가 난다면 믿어야 할까? 홍수는 비가 많고 특정 계절에 집중적으로 내리는 지역에 자주 발생한다. 여름에 비가 많은 우리나라에 댐이 많은 것도 바로 잦은 홍수 때문이다.

사막에서는 비가 언제 얼마만큼 내릴지 알기가 어렵다. 또 얼마나 비가 안 내리는지 페루의 수도 리마에는 지붕이 없는 집을 흔히 볼 수 있을 정도이다. 물론 가난한 동네에서 주로 볼 수 있는 모습이지만.

사우디아라비아 메카에 난 홍수

　사막에서는 비가 갑자기, 그리고 짧은 시간에 폭우로 내리는 특성이 있다는 것을 잊으면 안 된다. 1년 강수량이 하루에 몽땅 내리기도 한다. 2009년 11월 사우디아라비아에서 갑작스럽게 폭우가 내려 수십 명이 죽었다. 마침 사우디아라비아에서는 무슬림들의 최대 행사인 성지 순례 '하지'가 진행되고 있었다. 하지는 이슬람교를 믿는 사람이라면 반드시 평생 한 번은 해야 하는 의무이다. 의무라면 우리나라 남자가 군대를 가야 하는 것과 같은 거다. 해마다 전 세계에서 약 400만 명 정도가 사우디아라비아로 모여들고 메카, 메디나, 지다 등에서 성지 순례를 한다. 그런데 이때 홍수가 나서 성지 메카에서는 다리 2개가 무너져 많은 순례자들의 발이 묶이고, 전기가 나가는 사태까지 잇따랐다. 그런데 어이없게도 이날 내린 비는 고작 90mm였다. 사막에는 물을 빨아들여 저장해 주는 숲이나 습지가 거의 없고 배수 시설도 충분히 갖추어져 있지 않으므로, 도시에 내린 비가 곧바로 불어서 많은 피해가 발생한 것이다.

온대 기후가 공부하기에 가장 좋은 기후일까?

감자, 오이, 토마토가 잘 크는 온도가 있듯, 공부를 하거나 밭에서 일하기 좋은 온도가 있다고 한다. 같은 시간을 일해도 능률이 잘 오르는 기온이 있다. 헌팅턴의 연구에 따르면 육체적 노동은 15~18℃, 정신적 노동은 4~10℃에서 가장 능률이 높았다.

1년 중 이와 같은 온도가 가장 많이 나타나는 기후는 중위도의 온대 기후이다. 온대 기후는 가장 추운 달의 평균 기온이 영하 3℃를 넘지 않고 4계절이 뚜렷한 기후이다. 그래서일까? 온대 기후가 주로 깔려 있는 중위도 지역은 인구가 매우 많은 곳이기도 하다. 또 런던, 도쿄, 뉴욕, 파리, 상하이, 서울 같은 세계적인 대도시도

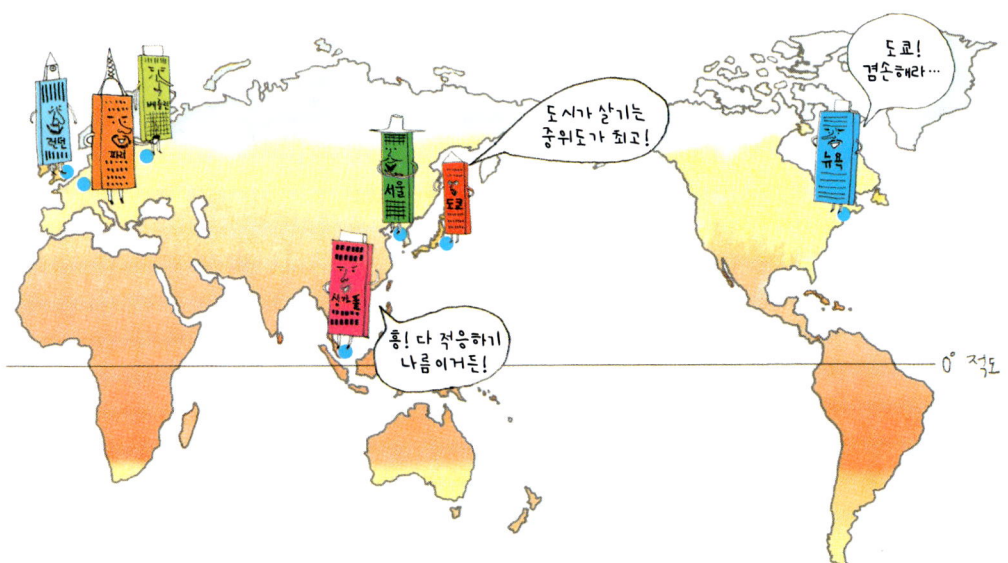

대부분 중위도에 자리 잡고 있다.

한때는 세계 대부분을 영국, 프랑스, 독일, 네덜란드 등 유럽이 지배했나. 지금은 많은 나라들이 식민지 상태에서 벗어나 독립국이 되었다. 하지만 백인들은 원래의 주인에게 모든 것을 돌려주지 않았다. 오히려 그 땅의 원주민을 몰아낸 후 새로운 주인이 되었다. 그렇게 해서 오스트레일리아 남부와 동부, 브라질 남부, 뉴질랜드, 아르헨티나, 우루과이 등은 모두 백인이 다수인 땅이 되었다. 그런데 이 땅들의 공통점은 유럽에서 주로 나타나는 온대 기후라는 사실이다. 이것은 우연히 생긴 일이 아니라, 유럽인이 자신들이 살기 좋은 땅을 영원히 지배하는 길을 택했기 때문이다.

인간이 살기 좋은 땅은 어디일까?

기후만 좋다고 다 살기 좋은 곳은 아니다. 기후가 좋아도 살만한 땅이 좁으면 그곳에서는 많은 사람들이 자손 대대로 살기 힘들다. 땅 중에서도 쌀, 밀, 옥수수 등 식량을 많이 얻을 수 있는 넓은 평지가 있어야 한다.

아일랜드의 들판은 왜 겨울에도 푸를까?

아일랜드는 영국 서쪽에 있고, 위도로는 북위 50°가 넘는 곳에 있다. 우리나라 땅에서 가장 북쪽이 북위 43°인 것을 생각하면 아일랜드는 겨울에 꽤 추울 것 같다. 하지만 아일랜드는 겨울이 되어도 낙엽 활엽수의 잎은 떨어져 낙엽이 되지만 들판의 풀은 여전히 초록빛을 띤다.

아일랜드 들판이 겨울에도 초록빛을 띠는 것은 겨울에도 기온이 영상을 유지하기 때문이다. 겨울이 영상이라면 여름에는 아주 더울 것 같지? 하지만 아일랜드는 여름에 기온이 20℃ 내외로 서늘하다. 그래서 밀, 감자, 옥수수같이 서늘해도 잘 자라는 작물을 재배하고, 넓은 초원을 이용해 만든 목초지에서 소와 양을 키운다. 아일랜드 사람들은 흐린 날이 많아서 맑은 날이면 너 나 할 것 없이 일광욕을 즐기는데, 이는 우리나라 사람들이 여름에 양산을 받쳐 들고 다니는 것과는 정반대이다.

그렇다면 우리나라보다 여름이 시원하고 겨울이 따뜻한 이런 기후가 어떻게 북위 50°가 넘는 곳에서 나타날까? 아일랜드만 이런 것일까? 그렇지 않다. 영국, 프랑스, 노르웨이 등 유럽 대륙 서안

아일랜드의 겨울 풍경

에 있는 나라들은 위도에 비해 겨울 기온이 우리나라보다 높은 편이다. 북위 48°의 프랑스 파리는 여름 중 가장 더운 달의 평균 기온이 18°C이나. 유럽의 서쪽 해안에서 이런 기후가 나타나는 이유는 바람과 바다 때문이다. 중위도는 일 년 내내 편서풍이 부는 곳이며, 특히 유럽 대륙 서안은 편서풍이 멕시코 동쪽의 따뜻한 난류를 북서 유럽까지 몰고 오기 때문에 아일랜드뿐 아니라 더 북쪽에 있는 북위 60°가 넘는 노르웨이 서해안까지도 겨울에 기온이 영상이다. 그래서 노르웨이 옆에 있는 스웨덴은 겨울에 자기 나라의 항구를 이용하지 못할 때 노르웨이의 항구를 통해 철광석을 수출한다.

지중해 연안의 유럽 국가에서는 왜 여름이면 늘어지게 낮잠을 잘까?

포르투갈이나 에스파냐, 이탈리아 등을 여행하다 보면 식당이나 시청, 구청 같은 기관들이 한낮인데 문을 닫고 있다. 무슨 일인가 싶어 길 가는 사람에게 물어보면 낮잠 자는 시간이라고 한다. '아니 이렇게 게으른 사람들이 어떻게 선진국을 만들었을까?' 하는 궁금증이 든다. 그런데 알고 보니, 지중해 연안의 나라들은 낮의 뜨거운 열기 때문에 일을 해도 능률이 오르지 않아서 차라리 푹 쉬고 열기가 한풀 꺾인 오후에 일을 한다는 것이다. 그러므로 정신없이 여행을 즐기다 자칫 점심시간을 놓치면 오랜 시간을 굶을 수도 있다.

유럽의 지중해 연안은 여름이 사막처럼 건조하다. 사하라 사막을 만든 뜨거운 공기덩어리가 여름이면 북쪽으로 이동하여 지중해 연안까지 덮기 때문이다. 지중해 연안에는 하얀 벽이 시원하게 보이는 집들이 가득한 마을이 있다. 파랗고 시원한 바다와 하얀 집은 너무도 잘 어울려 음료수 광고 방송에서도 본 적이 있을 것이다. 밝은 색깔로 칠한 벽은 햇빛이 반사되도록 한 것이고, 작은 창문은 집 안으로 들어오는 태양열을 최소화하기 위한 것이다.

지중해 지역의 나무는 건조한 여름에 수분을 조금이라도 아끼기 위해 수분 증발을 억제하도록 껍질이 두껍게 발달했다. 또한 부족한 수분을 고루 나누기 위해 나무 사이의 간격도 넓게 심는다. 지중해 지역은 여름이면 풀은 건초처럼 말라 있어도 나무는 여전히 푸른색을 띤다. 하지만 여름에 비가 거의 없다 보니 많은 물이 필요한 벼농사를 짓기는 어렵다. 이곳에서 벼농사를 지으려면 강이나 저수지에서 물을 끌어와야 한다.

이런 걸 보면 지중해 지역이 불쌍하게 여겨지지만 걱정은 안 해도 된다. 오히려 건조한 여름은 올리브, 포도, 레몬 등 과일 농사에는 유리하다. 우리나라도 여름에 가뭄이 들면 벼농사는 흉년이지만 과일 농사는 풍년이다. 과일은 가물어서 햇볕을 많이 쬐일수록 당도가 높아져 맛이 달고, 비바람을 맞아 생기는 낙과 피해도 적다. 지중해 지역의 포도주와 올리브유는 세계적으로 알아준다. 건조하고 뜨거운 지중해 지역은 영국, 노르웨이, 스웨덴 등 서늘한 북서 유럽 사람들이 가장 가고 싶어 하는 여름 바캉스 장소이다. 게다가 이곳은 고대 유적지도 많으니 관광 산업이 발달할 수밖에 없다.

그럼 지중해 지역의 겨울은 어떨까? 지중해 지역은 오히려 겨울에 비가 많다. 그래서 이곳에서는 겨울에 곡물 농사를 짓는다. 겨울이면 추워서 농사를 지을 수 있을까 싶겠지만, 이곳의 겨울은 우리나라 겨울처럼 춥지 않다. 그래서 조금 추워도 잘 자라는 밀 같은 곡물 농사를 짓는다.

지중해 지역의 독특한 기후가 다른 대륙에도 있을까?

있다. 하지만 세계 육지 면적의 약 1.7%만을 덮고 있는 '귀하신 기후'이다. 미국의 캘리포니아 해안, 칠레 해안, 호주 해안, 그리고 2010년 월드컵이 열렸던 남아프리카공화국의 해안에서도 나타난다. 이곳들을 지도에서 찾아보면 지중해성 기후가 위도 30°~40°의 대륙 서쪽 해안에 주로 나타난다는 사실을 알 수 있다. 그런데 북반구와 달리 남반구는 위도 30°~40° 지역에 대륙이 넓게 발달해 있지 않다. 따라서 남반구보다는 북반구의 대륙 서안에 지중해성 기후가 잘 나타난다.

몬순이란 무엇일까?

철을 따라 일정하게 부는 바람을 가리키는 몬순은 '계절'을 뜻하는 아랍어 '마우심'에서 나온 말이다. 중세 아랍인들은 1년을 주기로 여름에는 바다에서 육지로 바람이 불고, 겨울에는 육지에서 바다로 바람이 부는 것을 이용해 인도양에서 아라비아 해로 항해를 하며 무역과 여행을 했다.

그럼 계절풍은 중세 아랍인들이 처음 발견한 것일까? 아니다. 이미 기원전 수세기부터 계절풍이 뚜렷하게 나타나던 인도양 연안에서 바람을 이용해 항해를 했다는 기록이 있다. 실제로 기원전 1세기경 이집트 알렉산드리아의 '히팔루스'라는 사람은 해마다 7월에서 9월에 걸쳐 부는 남서풍을 타고 인도로 직접 항해하였다. 8~9세기에는 동부 아시아에서도 계절풍에 따라 항해 기간을 결정했다.

어쨌든 아랍인들이 계절풍에 대한 관심과 지식을 넓혔으며, 16세기 중엽에는 동남아시아, 남부 아시아의 여러 지역에서 계절풍에 대해 기록하였다. 몬순에 대한 기록이 남아 있는 지역은 대부분 몬순의 영향을 받는 몬순 아시아이다. 몬순 아시아는 인도에서부터 동남아시아를 거쳐 한국과 일본에 이르는 지역이다. 이 지역은 일반적으로 비가 많이 내려 벼농사가 발달하였으며, 인구

밀도도 높다.

계절풍이 왜 부는지에 대해서는 여러 의견이 있지만 주로 육지와 바다의 비열 차이로 설명을 한다. 바다는 서서히 가열되고 냉각되어 육지와 다른 기온이 나타나고 이에 따라 기압 차이가 발생한다. 바람은 고기압에서 저기압으로 부는데, 겨울에는 찬 고기압이 발달하는 육지에서 바다로 바람이 불고, 여름에는 고기압이 바다에서 발달하기 때문에 바다에서 육지로 바람이 분다.

특히 남부 아시아와 동남아시아 해안 지역은 여름 계절풍이 매

인도의 체라푼지는 왜 세계에서 비가 가장 많이 내릴까??

인도의 북동부에 있는 체라푼지는 연평균 강수량이 약 1만 1430mm로 세계에서 비가 가장 많은 곳이다. 우리나라도 비가 많은 편인데 우리나라보다 약 10배 정도 더 내린다. 전 세계적으로 물이 부족해서 고생하는 이때 체라푼지는 좋겠다는 생각을 할 수도 있지만, 그건 그렇지 않다. 체라푼지는 어떤 해에는 2만 6000mm가 내린 적도 있다. 하지만 이 많은 비가 대부분 여름 한철에 집중적으로 내린다. 동부 아시아의 태풍과 같은 남부 아시아의 사이클론이 영향을 주고, 습기가 많은 여름 계절풍이 히말라야의 높은 산지에 부딪쳐 큰비가 내리는 것이다.

비가 지나치게 많이 내리는 데다가 물을 저장하거나 바다로 빨리 흘려보낼 수 있는 시설이 턱없이 부족한 체라푼지는 여름이면 대홍수로 몸살을 앓는다. 기록에 따르면 1861년 7월 한 달 동안 9294mm가 내렸다. 하지만 겨울에는 오히려 물이 없어서 가뭄이 드는 이해하기 힘든 일도 벌어진다.

우 발달한 지역으로, 남쪽 바다에서 불어오는 남풍, 남서풍, 남동풍 같은 남풍 계통의 바람이 강하다. 여름 계절풍은 강수와도 관계가 깊기 때문에 주민 생활에 큰 영향을 준다.

반면, 동부 아시아에서는 여름에는 남서 계절풍과 남동 계절풍이 불고 겨울에는 북서 계절풍이 분다. 북서 계절풍은 거대한 땅 시베리아에서 발달하는 시베리아 기단이 몰고 오는 강력한 찬바람이다. 따라서 우리나라, 중국, 일본 등 온대의 몬순은 열대의 몬순과 달리 겨울철 생활에 큰 영향을 준다.

타이가는 왜 남반구에는 없을까?

'타이가'는 '타이거'의 경상도 사투리가 아니다. 타이가는 잎이 바늘처럼 뾰족한 침엽수가 끝없이 펼쳐진, 우리나라 땅보다도 넓은 숲이다. 타이가는 자작나무, 소나무, 잣나무, 전나무 들이 쭉쭉 뻗어 있고, 숲 사이로 곰과 호랑이가 어슬렁거리는 곳이다. 이곳은 너무 춥고 겨울이 길어서 정글처럼 다양한 나무가 자라지는 못한다. 하지만 나무꾼이 나무를 베기 위해 정글을 헤치며 가야 하는 열대 지역보다 벌목이 편하고 목재를 시장으로 내보내기도 좋다.

또 타이가의 나무는 수직으로 곧게 자라기 때문에 이런저런 물건을 만들어 쓰기에 좋다. 그럼 무엇을 주로 만들까? 집도 만들고 가구도 만든다. 그런데 한 가지 알아야 할 것이 있다. 타이가의 나무는 추운 곳에서 자라니까 아주 단단할 것 같지만 반대로 나무의

타이가 냉대림(시베리아)

질이 연해서 종이나 휴지를 만드는 데 많이 쓰인다.

타이가는 냉대 기후에서 나타나는데, 냉대 기후 하면 이름에서 이미 '추운 기후구나.' 하는 생각이 든다. 하지만 사람도 살지 못할 정도로 추운 기후라고 생각하면 안 된다. 여름이 덥고 겨울이 추운 우리나라 중부와 북부도 냉대 기후이니까. 냉대 기후는 유라시아 대륙과 북아메리카 대륙에 넓게 펼쳐져 있다. 냉대 기후를 남부와 북부로 구분하면 남부는 농사를 짓고 사람이 살기에 좋지만, 북부로 가면 타이가가 펼쳐져 있고 사람이 살기에도 불리하다.

타이가가 펼쳐진 곳은 세상에서 여름과 겨울의 기온 차가 가장 큰 곳이다. 여름이면 20°C 이상 기온이 오르지만 겨울이면 영하 30°C까지도 내려간다. 기록상으로는 시베리아 북동부의 오미야콘이 영하 67.7°C(1933년 2월 6일)까지 떨어지기도 했다. 이는 타이가 지대에 대륙이 넓게 펼쳐져 있기 때문이다. 무슨 말이냐 하면, 대륙은 바다보다 쉽게 뜨거워지고 쉽게 차가워지기 때문에 여름과 겨울의 기온 차가 크다는 뜻이다.

그런데 지도를 보면 남반구에는 타이가가 없다. 왜냐하면 타이가는 중위도에서 고위도로 가는 곳에 대륙이 넓게 펼쳐져 있어야 하는데 남반구에서는 그곳이 거의 바다이기 때문이다.

동토의 땅 툰드라에 대도시가 생길 수 있을까?

유라시아 대륙의 시베리아 북쪽과 북아메리카 북쪽은 북극해 주변에 해당한다. 이곳은 '툰드라'로 일컬어지는 땅으로 여름이 두 달 정도밖에 안 된다. 툰드라의 여름은 덥지도 않다. 덥지 않다니까 부러워하는 사람도 있을 텐데, 아무리 더워도 평균 기온이 10°C를 넘지 않는다. 10°C 미만이면 우리나라 초봄이나 늦가을 정도로 쌀쌀하다. 그래서 툰드라 기후에는 나무가 무성한 숲은 없고, 그 대신 작고 예쁜 꽃과 풀이 짧은 여름에 들을 채운다.

인간은 참 대단하지! 이렇게 추운 곳에서도 살고 있으니. 언제부터인지는 모르지만 이미 오래전부터 사람들은 이곳에서 살아왔다. 너무 추워서 농사를 짓기는 어

■ 툰드라

렵기 때문에 물개나 고래를 사냥하고 순록을 키우며 살았다. 순록은 일찍이 산타할아버지의 썰매를 끌던 루돌프 사슴 종류 중에서 유일하게 인간이 길들인 동물이다. 순록은 습한 땅에서 잘 자라는 이끼류를 먹는다. 하지만 툰드라는 먹을 것이 부족하기 때문에 순록을 기르려면 새로운 이끼류를 찾아 이동해야 한다.

그런데 북극해 주변의 툰드라가 업그레이드되고 있다. 무슨 말인고 하니 미국, 러시아, 노르웨이, 캐나다 등 북극해 주변의 국가들에게 정치·군사·경제적으로 더욱 중요한 곳이 되고 있다는 뜻이다. 이곳의 하늘은 원래 아시아, 유럽, 아메리카를 빠르게 연결할 수 있는 길이다. 그래서 오래전부터 전투기나 여객기 항로로 이용되어 왔다. 최근에는 지구 온난화로 북극 바다를 덮고 있던 얼음이 녹으면서 바닷길도 열리고 있다. 우리나라에서 유럽으로 가는 화물선이 북극해 항로를 이용하면 이전처럼 동남아시아, 남부 아시아를 거쳐 유럽으로 가는 것보다 시간과 비용을 크게 줄일 수 있다. 그뿐만 아니라 북극해 주변에는 석유, 천연가스 같은 값비싼 자원이 풍부하게 매장되어 있다고 한다. 세상이 바뀌는 꼴을 보니 어쩌면 툰드라 지역에 대도시가 발달하는 것도 시간문제가 아닐는지 모르겠다. 하지만 과연 그것이 순록이나 이누이트에게도 좋은 일일까?

일 년 내내 기온이 영하인 곳은 어디일까?

남극을 대표하는 황제펭귄은 아빠 펭귄이 발등에 알을 얹고 몸으로 품는다. 엄청나게 추운 남극 대륙에서 살아남기 위해 똑똑하게 진화한 결과이다.

극 지역은 일 년 내내 영하이며, 겨울이면 약 6개월 동안 하루 종일 해가 뜨지 않는다. 아! 생각만 해도 어둡고 우울하다. 특히 이때는 일방적으로 열을 우주로 내보내기 때문에 더욱 추운 땅이 된다. 일 년 내내 영하인 곳은 북반구보다 남반구에 많다. 북반구에서는 그린란드 섬의 내륙과 히말라야 산맥, 안데스 산맥 등 고산 지대의 일부가 그렇지만, 남극 대륙은 거의 모든 곳이 일 년 내내 영하이다. 남극은 전체 대륙의 98% 이상이 얼음으로 덮여 있다. 그래서 남극 대륙은 겨울에 영하 70℃까지 내려가고, 여름에도 영하 30℃ 정도로 여전히 춥다. 기록상으로는 1960년 8월에 영하 88.3℃까지 내려간 것이 최고이다.

반면, 북극은 겨울에 영하 40°C~영하 35°C이지만 여름에는 0°C 안팎까지 오른다. 그래서 북극의 여름은 안개가 끼는 날이 많다. 남극이 북극보다 더 추운 것은 북극이 바다(북극해)인 반면 남

눈이 중요한 자원인 곳은 어디일까?

눈이 많은 곳의 주민들에게 눈은 처치 곤란하고 교통을 불편하게 하는 골칫거리일 수도 있지만, 잘 활용하면 황금 알을 낳는 자원이 될 수도 있다. 여러 나라가 동계 올림픽을 유치하려고 힘쓰는 것만 봐도 알 수 있을 것이다.

알프스 국가인 스위스에서는 겨울만이 아니라 여름에도 곳곳에서 눈을 볼 수 있다. 높고 험준한 알프스의 산지를 타고 내려오던 스키가 알파인 스키 종목이 되었다(그리고 비교적 낮고 완만한 스칸디나비아 반도의 평지와 구릉지를 달리는 스키가 노르딕 스키 종목이 되었다). 스위스뿐 아니라 이탈리아, 오스트리아 등 알프스를 끼고 있는 유럽의 대부분 나라에서는 스키를 즐기는 사람들이 많다. 캐나다도 대부분 지역에서 스키를 즐길 수 있을 정도로 눈이 많은 겨울 스포츠 강국이다.

눈은 추운 곳에서만 효자 노릇을 하는 것이 아니다. 뜨거운 사막의 건조한 지역에서는 사막 주변에 있는 높은 산에 쌓인 눈이 주민들의 중요한 수자원 역할을 한다. 중앙아시아의 타지키스탄, 이란, 아프가니스탄 같은 곳에서는 높은 산지의 만년설이나 눈 녹은 물이 주민들을 살리는 중요한 생명줄이다.

극은 대륙이어서 더 빨리 차가워지기 때문이다. 그러면 '여름에는 남극이 북극보다 더 온도가 높으냐?' 하면 그건 아니다. 남극 대륙은 수천 m의 얼음으로 덮여 해발고도가 높고, 하얀 눈과 얼음은 낮이 긴 여름에도 햇빛의 대부분을 반사하므로 추울 수밖에 없다.

허리케인, 사이클론, 태풍이 모두 형제라고?

2005년 8월, 미국 동남쪽 바다에서 만들어진 허리케인이 디즈니랜드가 있는 플로리다, 그리고 재즈의 도시 뉴올리언스로 다가갔다. 강력한 폭풍을 몰고 온 그 허리케인의 이름은 '카트리나'였다. 카트리나는 수온이 27℃를 넘으면서 바닷물이 증발해 뭉쳐진 에너지 덩어리였다.

동부 아시아를 강타하는 태풍

대서양의 따뜻한 바닷물은 폭풍을 발달시키는 연료이다. 해수면 온도가 상승하면 많은 수증기가 에너지를 지닌 채 대기 속으로 증발한다. 수증기는 상승하며 차가워지고 구름이 된다. 이 과정에서 방출된 열이 주변의 공기를 덥히고 구름을 더 높이 밀어 올린다. 이렇게 해서 높은 상공까지 올라간 공기는 더 이상 주변 공기보다 따뜻하지 않다. 따라서 상승을 멈추고 옆으로 퍼지며 모루구름을 형성한다. 그런 다음 항상풍의 흐름을 타고 이동한다.

카트리나는 발생한 지 이틀 만에 시속 170km의 빠른 속도로 돌변했고, 나흘 만에 시속 270km까지 빨라졌다. 카트리나 몸통의 최대 지름은 228km로 한반도를 동쪽에서 서쪽까지 다 덮을 만큼 컸다. 카트리나로 뉴올리언스에는 시속 233km의 강풍과 함께 450mm의 비가 내렸고, 7~8m나 되는 높은 파도가 이 도시를 덮쳤다. 그 피해액은 약 2000억 달러로 집계됐다. 2000억 달러면 우리나라 돈으로 약 220조 원, 우리나라 1년 예산이 약 310조 원(2011년)이니까 어마어마한 액수이다.

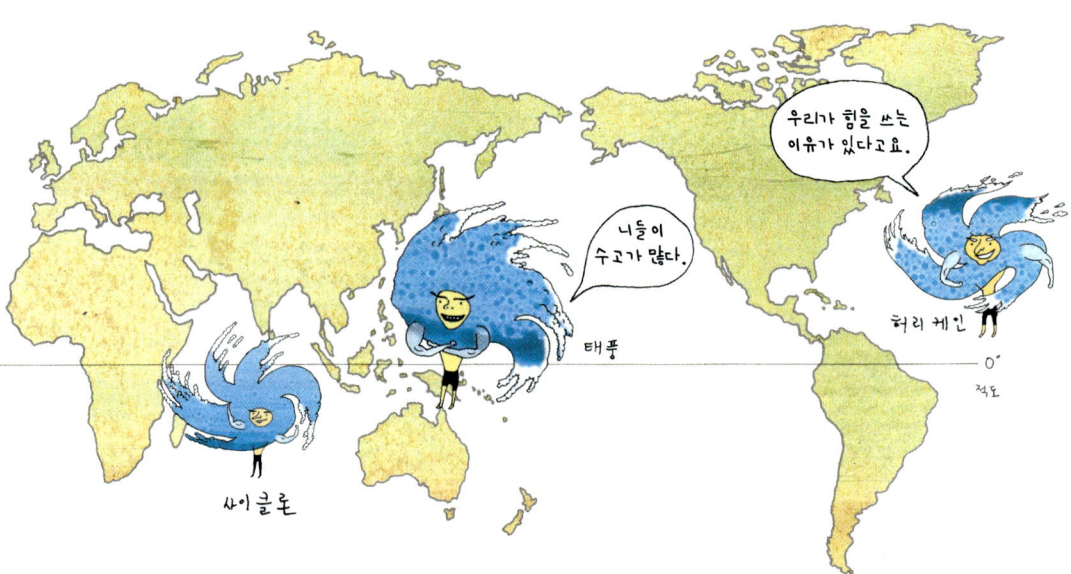

그런데 이런 일이 뉴올리언스가 있는 멕시코 만에서만 벌어지는 것은 아니다. 해마다 여름이면 동부 아시아 해안, 남부 아시아 해안, 오스트레일리아 북동부 해안에서도 높은 파도가 해변을 때리고 폭풍우가 몰아친다. 수백 년 된 큰 나무가 뿌리째 뽑히고, 전신주까지 쓰러져 전화와 전기도 끊어진다. 갑자기 불어난 빗물에 도로는 강으로 변하고, 누군가는 목숨을 잃고, 또 누군가는 재산을 잃는다. 이 공포의 주인공들 이름은 바로 '태풍', '사이클론'이다. 알고 보니 한국, 일본, 중국을 강타하는 태풍, 인도와 방글라데시, 오스트레일리아를 강타하는 사이클론은 모두 외모와 성격이 비슷한 허리케인의 형제였다. 역시 끼리끼리다. 이것들은 모두 '막가파'보다 더 무서운 '열대 저기압파'로 뜨거운 적도의 바다에서 발생하는 강력한 폭풍우이다.

　대홍수와 함께 도시를 파괴한 허리케인과 형제들은 바다에서 멀어지면 빠르게 소멸된다. 육지에는 따뜻한 바다와 같은 에너지 공급처가 없기 때문이다. 또 지면에서는 산, 평야, 나무, 건물 등을 만나 엄청난 마찰력이 생기기 때문에 서서히 회전 속도가 줄어든다.

　최근 허리케인과 그 형제들은 지구 온난화로 해수 온도가 상승함에 따라 등장하는 횟수가 증가하고 있다. 앞으로 인간들은 더욱더 몸조심을 해야겠다.

★ 윌리윌리 : 현재 우리나라 교과서에서는 오스트레일리아 북서 해상의 열대 저기압을 '윌리윌리'(Willy Willy)라고 쓰고 있는데, 현지인 오스트레일리아에서는 그렇게 쓰지 않고 '사이클론'이라고 한다.

화산 폭발이 기후에 영향을 줄까?

공룡이 멸종된 이유는 다양하지만 유성 충돌이니 화산 폭발로 지구의 기온이 빠른 속도로 내려가 공룡이 멸종됐다는 설이 유력하다. 갑자기 기후가 변해서 식물이 자라지 못하자 공룡의 먹이가 부족해진 것이다. 공룡은 덩치가 너무 커서 많이 먹어야 했을 텐데 그것이 오히려 화근이었던 것 같다.

커다란 화산이 대폭발하면 정말 지구의 기온이 내려갈까? 내려간다. 화산재가 구름이 되어 하늘을 덮기 때문에 햇빛이 차단되고 기온이 내려가는 것이다. 물론 수십 년 또는 수백 년 동안 내려가는 것은 아니고, 짧으면 몇 개월에서 길면 약 5년까지 이 현상이 나타날 수 있다고 한다.

1963년에 인도네시아 발리 섬의 아궁 화산이 폭발하였다. 이 화산이 폭발함으로써 열대 지역의 온도가 1˚C 내려갔고, 고위도 지역에서는 0.8˚C가 내려갔다고 한다. 아궁 화산의 넓은 분화구만 보아도 당시 화산 폭발이 대단했음을 짐작할 수 있다. 아궁 화산의 분화구는 너무 넓어서 사람들이 그곳에 마을을 만들어 살고 있다. 어떤 사람은 그곳이 분화구 안인지도 모르고 산다.

1815년에 일어난 인도네시아의 탐보라 화산 폭발은 산의 상층부 전체인 1300m가 폭발로 사라졌다. 이 폭발로 수십 명을 빼고는 섬 주민 모두가 사망했다. 또한 수백억 톤의 암반이 분쇄되어 생긴 검은 구름이 오랫동안 햇빛을 차단하면서 지구 곳곳에서 문제를 일으켰다. 다음 해인 1816년에는 '여름이 없는 해'라는 말이 생겨날 정도였다. 북아메리카에서는 5월에 서리가 내리고 얼음이 얼었으며, 6월에 눈보라가, 9월에 눈이 내렸다. 옥수수, 밀 따위 농사를 망쳤고, 밀가루의 가격이 7배나 뛰었다. 유럽에서도 식량이 부족하여 식료품의 가격이 치솟고 배고픈 사람 중에는 강도가 되는 경우도 있었다.

이외에도 화산 폭발이 사람들에게 미치는 영향은 매우 크다. 화산 가스가 사람들의 호흡기로 들어가면 폐를 망가뜨려 생명을 위협한다. 그리고 농림업과 반도체, 항공 산업 등 여러 주요 산업도 큰 타격을 입게 된다.

한 예로, 2010년에 아이슬란드 에이야프얄라요쿨 화산이 폭발하면서 북유럽을 중심으로 큰 피해를 보았다. 이 화산은 그렇게 큰 화산도 아니었는데도 항공 교통이 마비되고 재해가 발생했다.

건조한 땅의 사람들은 어떤 집에 살까?

귀가 큰 사막여우는 모래땅에 굴을 파고 여러 마리가 모여서 생활하며, 뜨거운 낮보다는 주로 밤에 다닌다. 뜨거운 사막에서 살기 어려운 것은 동물이나 사람이나 다를 바가 없다. 사막에 사는 사람들은 강이나 샘이 있는 곳에 마을을 만들어 살았다. 이들은 큰 암벽에 굴을 파거나 진흙으로 벽돌을 만들어 집을 짓는다.

사막에서 쉽게 볼 수 있는 집은 깍두기처럼 네모지다. 지붕이 경사지지 않고 바둑판처럼 평평한 것은 비가 적어 빗물을 흘러내리게 할 필요가 없기 때문이다. 사막 기후는 한낮에는 돌판 위에서 달걀 프라이가 될 정도로 뜨겁고, 저녁이면 기온이 뚝 떨어진다. 이런 곳에서는 밖의 뜨거운 열기가 들어오는 것을 차단하고 집 안의 습기가 빠져나가는 것을 막아야 한다. 그래서 가옥의 벽을 두껍게 하고 창문을 작게 만든다. 그러면 밖의 공기가 아무리 뜨거워도 집 안에서는 상대적으로 시원하게 느껴진다.

그리고 한 가지 더! 습도가 높은 우리나라의 여름은 사람들이 햇볕을 피해 그늘로 도망을 가도 역시 덥다. 하지만 습도가 낮은 건조한 곳의 여름은 다르다. 실감할 수 없겠지만 건조한 사막에서는 아무리 뜨거운 날이라도 햇볕을 피해 그늘로 가면 상대적으로 시원하게 느껴진다. 그래서 이곳 사람들은 햇볕을 가릴 수 있게 온몸을 둘러싸는 옷차림을 하고 다닌다.

사막 주변에 있는, 키 작은 풀이 돋아나는 초원에서는 사람들이 어떤 집을 지을까? 초원이라고 해도 역시 비가 적은 건조한 땅이다. 이곳에는 풀을 따라 옮겨 가며 생활하는 사람들이 많은데, 이들은 주로 이동식 집을 짓는다. 우리가 여름철에 바캉스를 가서 바닷가에 3~4일 동안 잠자고 쉴 수 있는 텐트를 치듯, 유목민들도 텐트를 친다.

특히 몽골 지역의 유목민 집을 '게르'라고 한다. 게르는 원통 모양의 벽과 둥근 지붕으로 되어 있다. 게르는 어른 키보다는 좀 낮게 만드는데, 이는 센 바람에 잘 견디게 하기 위해서이다. 게르는 나무를 기둥 삼아 벽과 지붕의 뼈대를 만들고, 그 위에 동물 가죽을 덮어씌워 만든다. 집 안에 들어가 보면 중앙에 화덕이 있고, 벽에는 옷장과 이불장, 주방 기구가 놓여 있다. 이동식 가옥은 무엇보다 빠르게 분리하고 조립할 수 있어야 하는데, 게르는 보통 조립하는 데 3시간이 넘지 않는다고 한다. 갑자기 유목민들이 부러워진다. 우리나라 서민들처럼 집값 폭등이나 전세값 폭등으로 고통 받지는 않을 테니.

키가 작은 풀이 자라는 초원 지역이 농사에 유리한 이유는?

스텝으로 불리는 키 작은 풀의 초원 지역에서는 매년 새로운 풀이 자라고 죽으면서 토양에 영양분을 풍부하게 공급한다. 그런데 이곳에는 비가 적게 내리기 때문에 토양 속의 영양분이 그대로 남아 토양이 검은색을 띠게 한다. 우크라이나의 흑토 지대가 그런 땅이다. 유럽의 흑해는 우크라이나의 흑토 지대를 흐르는 강물이 흘러들어 검은 바다가 된 것이다. 검은색 토양은 농사에 유리한 비옥한 토양으로 밀농사에 딱 맞다.

열대 지역 주민들은 왜 집을 땅에서 띄워 지을까?

습한 열대 지역의 집은 대체로 지붕의 경사가 급하고 처마가 길다. 경사가 심한 것은 50°~60° 정도이다. 이렇게 집을 짓는 이유는 집 안으로 햇빛이 들어오는 것을 막고, 이미 들어온 열을 쉽게 나가게 하기 위해서이다. 또 집의 바닥은 땅으로부터 1~2m 정도 훌쩍 띄워서 짓는다. 우리나라의 한옥이나 초가집, 너와집 같은 전통 가옥도 마루를 바닥에서 띄워 짓지만 그 높이는 무릎 정도밖에 안 된다.

열대 지역에서 집을 높이 띄워 짓는 것은 땅이 햇볕에 달궈져서 뜨겁기 때문이다. 또 비가 많이 내려 강물이 넘치는 날이면 모두 물에 떠내려갈 수 있고, 맹수로부터 위협을 받을 수도 있다. 그래서 이곳 조상님들이 고민하고 고민한 끝에 얻어 낸 답이 바로 집을 땅

높이 띄워 놓은 열대 지역의 집과 고상식 수상 가옥(왼쪽 : 필리핀, 오른쪽 : 캄보디아)

에서 띄워 짓는 것이었다.

그럼, 더운 열대 지역에서는 무엇으로 집을 지을까? 지붕이나 벽은 바나나 잎이나 주변에서 쉽게 얻을 수 있는 나뭇잎 또는 나무껍질로 한다. 열대 지역의 나무는 단단하기 때문에 집을 튼튼하게 지을 수 있다. 한편, 인도네시아나 캄보디아의 전통 마을을 여행하다 보면 '역시 이곳의 집들은 통풍이 잘되겠구나.' 하는 생각이 든다. 집 밖에서도 그물 침대인 해먹이 걸쳐져 있는 방과 밥그릇, 숟가락, 냄비 따위가 걸려 있는 주방 같은 실내가 다 보이니 말이다.

열대 지역에서는 나무 위에다 집을 짓기도 한다. 그런 수상(樹上) 가옥에는 개인 가옥도 있고, 집단적으로 생활하는 공동 가옥도 있다. 필리핀의 팔라완 섬 주민들은 개인 가옥은 8m, 공동 가옥은 11m 나무 위에 집을 짓고 생활한다. 또 물 위에 지은 수상(水上) 가옥에는 쓰레기통이 없는 집이 많다. 태국이나 캄보디아의 수상 가옥 주민들은 대소변과 집안 쓰레기를 강이나 호수에 바로 버려 해결한다. 으으으 ~ ~.

툰드라 지역의 주민들은 어떤 집을 지을까?

툰드라 지역은 심한 추위가 일 년 내내 거의 지속되기 때문에 지표면이 꽁꽁 얼어 있다. 그래서 이곳에는 '영구 동토층'이라고 하는 영원히 얼어 있는 땅이 넓게 펼쳐져 있다.

툰드라 지역의 가옥에서 가장 중요한 것은 역시 보온과 난방 시설이다. 이곳에서는 환기가 적게 되도록 집을 지어 상대적으로 보온 효과가 커지게 한다. 재료는 흙, 벽돌, 콘크리트 따위를 쓰고, 벽, 지붕, 천장, 바닥을 두껍게 한다. 따뜻하게 하기 위해 이중벽으로 하는 경우도 많다. 바람이 들고 나는 창이나 문을 적게 내고, 그 크기도 작게 만든다. 추운 곳이니까 물론 난방 장치도 있다. 우리나라에 돌을 달궈서 난방을 하는 온돌이 있듯, 러시아의 툰드라 지역에는 페치카라고 하는 벽난로 시설이 있다.

툰드라 지역을 대표하는 집은 잘 알려진 대로 얼음집 '이글루'이다. 이글루는 사냥을 나갔을 때 며칠 동안 쓰는 임시 가옥으로 바깥 온도가 영하 50℃까지 내려가도 실내에서 생활하는 데 문제없다. 이글루는 단단하게 압축된 눈을 골라서 잘라 낸 약 50cm 길이의 넓적한 블록으로 만든다. 그 블록으로 기초를 둥글게 만들고 나선형으로 벽을 쌓은 다음, 출입구는 낮게 눈 밑으로 터널을 파서

툰드라의 고상식 가옥(캐나다)

만들고 환기 구멍 하나를 내면 끝이다.

참, 땅이 차가운 툰드라 지역에도 땅에서 집을 띄워 짓는 고상식 가옥이 있다. 특히 현대식 가옥을 짓는 사람들은 찬 지면에서 띄워 집을 짓는다. 땅바닥의 찬 냉기가 집으로 전달되는 것을 줄이기 위해서이다.

또 영구 동토층의 표면은 짧은 여름 동안에 녹기도 하지만 집의 바닥을 통해 나가는 열기 때문에 녹는 일이 생긴다. 그렇게 되면 무거운 집을 떠받치고 있어야 할 지반이 약해지고, 경사가 진 곳에서는 중력의 영향으로 녹은 부분이 아래로 흐른다. 결국 영구 동토층 위에 지어진 집도 저절로 기울어지면서 찌그러지고 무너질 수 있다. 그래서 이곳에서는 여름에도 녹지 않는 곳까지 깊이 철심을 박은 후 그 위에 집을 짓는다.

세계를 괴롭히는 '라니냐', 너는 누구니?

우리나라의 겨울도 한 추위 한다. 그래도 예부터 삼한사온이라고 해서 영하와 영상의 날씨가 반복되곤 했다. 그러면 2011년 1월에 서울에서 기온이 영상으로 올라간 날이 얼마나 될까? 며칠은커녕 고작 5시간이었다. 겨울이 아무리 추운 계절이라고 하지만 이 정도면 이상하다고 할 만큼 추운 날이 지속된 것이다.

그런데 이런 이상 기후 현상은 우리나라뿐 아니라 전 세계적으로 일어나고 있다. 오스트레일리아의 북서부에 석 달째 홍수가 나고, 필리핀과 스리랑카에서도 홍수와 산사태로 수백 명이 죽었다. 특히 스리랑카는 2011년 1월의 대홍수에 이어 2월에도 대홍수가 나서 동부와 북부 곡창 지대를 중심으로 국토의 4분의 1이 침수됐고, 폭우 때문에 32만 명의 수재민이 발생했다. 또 겨울 평균 기온이 8℃ 정도인 미국 남부의 애틀랜타에서도 폭설과 한파로 큰 피해를 보았다.

전 세계적으로 이런저런 기상 재해가 발생하자 세계 기후학자들은 왜 그런지 연구하기 시작했다. 도대체 지구가 미친 건가? 알고 보니 그 원인은 '라니냐'라는 친구였다. 발음하기도 힘든 라니냐! 이 라니냐는 동태평양, 그러니까 페루 앞바다의 해수면 온도가 5개월 넘게 평년보다 0.5℃ 이상 낮고, 반대로 서태평양 해수면의 온도는 평상시보다 높아진 경우에 일어나는데, 평소보다 무역풍이 강하게 불 때 발생하는 현상이다.

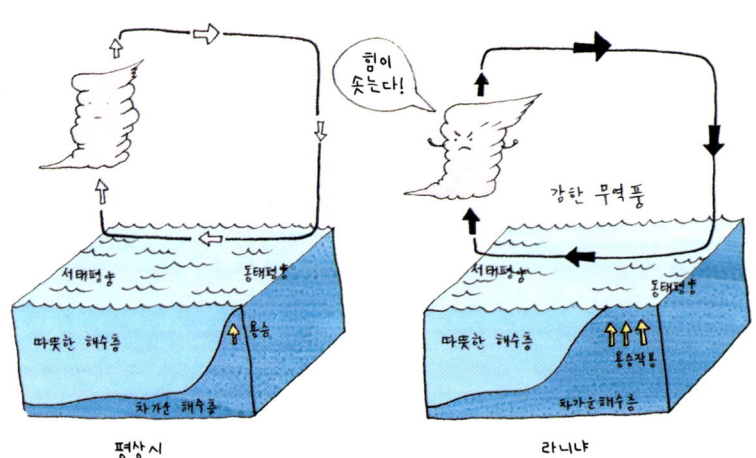

무역풍이 왜 강해지는지 그 이유는 아직까지 명확하지 않다. 적도 부근의 태평양에서 남동 무역풍이 강해지면 적도의 따뜻한 바닷물이 서쪽으로 더 많이 이동하고, 그 빈자리를 메우기 위해 페루 연안에서 찬 바닷물이 깊은 바다에서 솟아오르는 용승 현상이 나타난다. 그러면 이 라니냐로 인해 오스트레일리아 부근 서태평양에 많은 열기와 수증기가 모이며, 폭염과 함께 강력한 비구름을 만들기 때문에 오스트레일리아와 필리핀에서 폭우가 쏟아지게 된다.

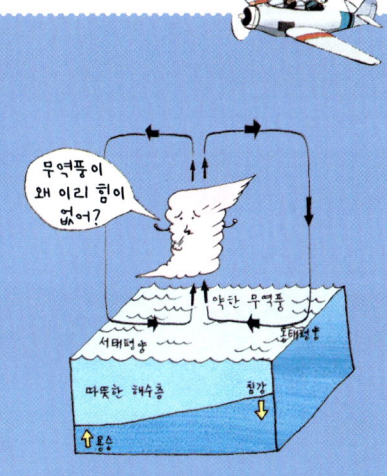

엘리뇨는 또 누구야?

'엘리뇨'는 라니냐와 반대 현상이다. 엘리뇨는 '신의 아들'이란 뜻을 가진 에스파냐어이다. 12월 크리스마스 무렵에 나타난 현상이기 때문에 그 이름이 붙었다. 엘리뇨는 라니냐와 반대로 무역풍이 약화되면서 나타나는 현상이다. 몇 년에 한 번씩 무역풍이 약해지면 남적도 해류를 따라 서쪽으로 이동하던 따뜻한 바닷물이 반대로 동쪽으로 이동해 온다. 이렇게 되면 페루 연안에서 용승 작용도 약화되어 페루 연안의 해수 온도가 상승한다. 그러면 세계의 기후는 평소와 다른 현상이 또 나타나게 된다. 오스트레일리아와 인도네시아에서는 대규모 가뭄이 발생하며, 인도에서는 가뭄과 태풍이 더욱 심해지면서 지역적으로 집중 호우도 잦아진다.

3

세계의
지형 이야기

지형과 인간의 생활은 어떤 관계일까?

산에 사는 사람들은 산과 함께 생활한다. 산비탈을 깎아 논밭과 과수원을 만들거나 가축을 키웠다. 산에서 집을 짓고 추위를 이길 수 있는 목재를 얻었으며, 약초와 나물 같은 좋은 먹거리도 얻었다. 주민뿐 아니라 스키장이나 펜션을 하는 사업가에게도 산은 큰 매력덩어리이다.

강에 사는 사람들은 강이 범람하거나 물길을 바꾸는 과정에서 만들어 놓은 비옥한 경지에서 농사를 지었다. 물론 물고기를 잡으며 살기도 했다. 또 강가는 전망 좋은 거주지가 되어 주었다. 강은 운송로여서 사람과 물자가 강을 따라 이동하였고, 자연스럽게 강을 중심으로 큰 시장과 마을이 만들어졌다. 그 큰 시장은 오늘날 도시로 변하여 많은 사람들이 사는 곳이 되기도 하였다.

바닷가에 사는 사람 중에는 고기잡이를 하늘이 내린 직업이라고 생각하는 사람들이 많다. 많은 사람들이 어업에 종사하며 살고 있다. 수온과 물살이 적당한 바닷가는 양식장이 되고 배가 드나들기 쉽고 물살이 잔잔한 만은 항구가 된다. 먼바다에서 고기가 잘 잡히는 곳은 해저 지형과 해류의 흐름을 통해 찾을 수 있다. 이외에도 바닷가에는 관광객을 상대로 식당, 숙박, 배 대여, 관광 상품 판매 같은 일을 하며 사는 사람들이 많다.

이처럼 갖가지 자연 지형은 인간에게 끝없이 퍼 주기만 한다. 그런데 인간은 그 은혜를 아는지 모르겠다. 말로는 안다고 하지만 여전히 돈이 된다면 산을 마구 깎고 물을 더럽히고 있으니…….

2억 년 전 지구는 어떤 모습이었을까?

2억 년 전에도 태평양이 세계에서 가장 큰 바다이고, 유라시아 대륙이 세계에서 가장 큰 대륙이었을까? 아메리카에서 대서양을 건너면 유럽이 있고, 남극 대륙은 그때도 남극 지방에 있었을까? 20세기 이전에 대부분의 사람들은 당시의 세계 지도와 수억 년 전 세계의 모습이 당연히 같을 것이라고 생각했다.

그런데 20세기 초 기상 연구를 하던 지리학자 베게너는 세계 지도를 보면서 이런 생각을 했다.

'아프리카 대륙의 서쪽과 남아메리카 대륙의 동쪽 해안선이 퍼즐 조각처럼 맞네. 또 어디가 이럴까? 북아메리카 동쪽 해안선은 어느 대륙의 해안선이 제짝일까? 그래, 아프리카 대륙의 북서쪽 해안선과 제짝이다. 또 오스트레일리아의 남쪽 해안선과 남극 대륙의 동쪽 해안선이 제짝이다. 아! 그렇다면 수억 년 전 세계의 대륙은 지금과는 다른 모습이었어.'

그때부터 베게너는 더 열심히 연구를 했다. 무슨 연구였을까? 당연히 대륙이 이동했다는 증거를 찾는 연구였다. 우리가 재판을 할 때도 증거가 확실해야 이길 확률이 높으니까. 베게너는 동물과 식물의 화석 분포를 조사했다. 그러자 한 대륙에 살던 동물이나 식물 화석이 다른 대륙에서도 발견됐다.

또 지금은 열대 지방이라 빙하가 존재할 수 없는 곳에서 빙하의 흔적을 발견하였다. 예를 들면 거대한 빙하가 흐르면서 바닥을 할퀴고 간 흔적 같은 것 말이다. 그 증거들을 바탕으로 흩어져 있는 대륙을 모아 붙였더니 신기하게도 땅덩어리가 하나로 이어졌다.

내가 살고 있는 땅이 널빤지의 표면이라고?

지형은 지구의 껍데기로 불리는 '지각'의 가장 바깥쪽이다. 지구에서 지각은 타조알의 껍데기처럼 가장 외곽을 이루며, 단단하고 얇다. 그래서 학자들은 지각을 얇은 나무 널빤지(판자)에 비유해 판(板)이라고 했다. 말하자면 우리가 살고 있는 이 땅은 널빤지의 표면이다. 우리가 얇은 널빤지 위에 살고 있다고 하니까 왠지 불안하지? 땅은 파도 파도 끝이 없는 그런 곳인 줄 알았는데 얇은 판자였다니! 그런데 그 널빤지 위에 100층이 넘는 초고층 건물을 비롯해 무수히 많은 건물을 박아 놓았고, 몇 억 대의 차들이 길을 내어 달리고 있다. 너무 무거워서 지각이 펑 뚫리지나 않을까?

그런데 지형 공부를 하다 보면 그런 걱정은 안 해도 된다는 답을 얻을 수 있다. 땅이라는 널빤지가 지구의 껍데기이지만 높이 400~500m의 100층이 넘는 건물을 지어도 거뜬하다. 평균 두께가 60km나 되니까. 판은 바로 지각과 맨틀의 최상부를 합쳐서 부르는 말이다. 맨틀은 지각 밑에 있다. 지각을 드릴로 뚫고 지구 중심을 향해 수백 m 이상 내려가다 보면 빛이 사라져 어두워지고, 단단하고 거대한 돌덩어리를 만날 것이다. 그곳을 지나 더 깊이 내려가면 점점 온도가 올라가 암석이 녹을 정도로 뜨거운 맨틀에 도착한다.

맨틀 위에는 대륙 지각과 해양 지각이 실려 있는데, 대륙이 실려 있으면 대륙판, 바다만 실려 있으면 해양판이라고 한다. 그리고 대

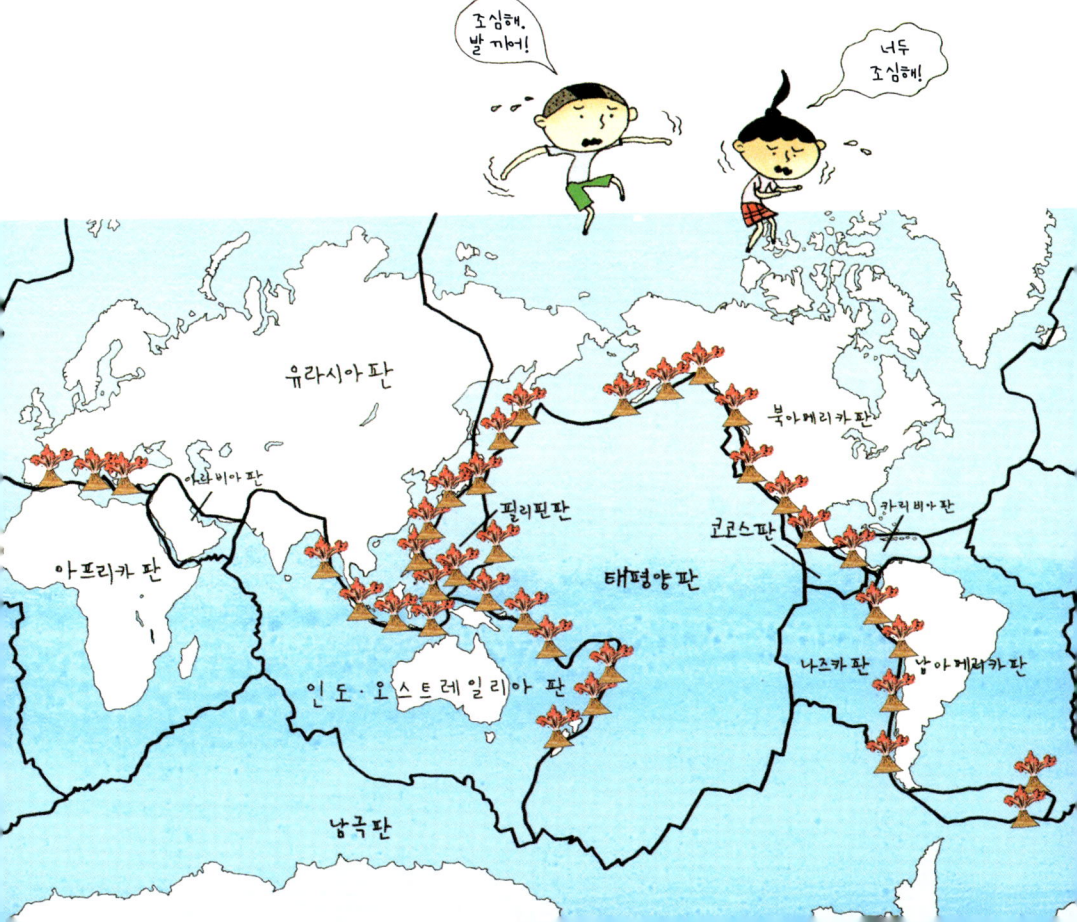

류판이 더 두꺼우며, 특히 대륙 지각의 두께는 30~100km, 해양 지각의 두께는 5~9km이다.

지구에는 이런 판이 몇 개나 있을까? 지구에는 모두 12개의 지각판이 있고, 그중 7개가 매우 크다. 7개 중 6개는 대륙판이고, 1개는 해양판으로 태평양판이다. 태평양판은 12개 판 중에서 가장 큰 판이기도 하다. 대륙판에서는 아프리카판이 가장 크고 그다음은 유라시아판이다. 그리고 지각의 나이는 대륙 지각이 35억~40억 살인 데 비해 해양 지각은 2억 살도 안 된다. 지구 전체의 3분의 2를 차지하는 해양 지각이 어린 이유는 판이 이동하는 과정에서 오래전에 만들어진 해양 지각이 대륙 지각 아래로 들어가서 사라지기 때문이다.

순상지

해양 지각은 자꾸 생겨나서 나이가 어리다. 그러면 만들어진 지 오래된 땅들은 어디에 있을까? 바로 대륙의 안쪽에 자리잡고 있다. 그런 땅을 순상지라고 한다. 그러니까 순상지라는 땅은 지구상에 최초로 나타난 거대한 원시 대륙이었다. 원시 대륙은 약 20억 년 전 완성되었을 것으로 본다. 유라시아 대륙에 있는 앙가라 순상지를 비롯해 발트 순상지, 아프리카 순상지, 오스트레일리아 순상지, 인도 순상지, 브라질 순상지 등이 있다. 순상지는 대륙의 안쪽에 자리 잡고 있어 판의 경계면에서 멀기 때문에 지진과 화산 활동이 적다. 한편 순상지 중 해안에 절벽이 많아 전체적으로 탁자 모양을 띠는 경우는 아프리카처럼 탁상지라 부른다.

베게너는 거짓말쟁이?

베게너는 대륙이 이동했다는 이런저런 증거를 많이 들었다. 그는 많은 사람들이 "오! 대단한걸." 그럴 줄 알았다. 그런데 사람들은 대단한 생각이기는 한데, 그리고 증거도 그럴듯한데, 그러면 어떤 힘에 의해서 대륙이 이동했느냐고 다시 물었다.

그도 그럴 것이 당시에는 베게너보다 훨씬 유명한 학자들이 이미 다른 '설'을 많이 내놓았기 때문이다. 예를 들어, 오스트리아의 쥐스는 지구가 말라 있는 사과와 같다고 주장했다. 싱싱한 사과를 오래 두면 껍질이 쪼글쪼글해지는데, 그 껍질이 곧 산과 평야와 계곡이 있는 울퉁불퉁한 지표면이라는 것이다. 그리고 사과가 쪼글쪼글해지는 것은 수분이 빠지기 때문이지만 지구 표면이 쪼글쪼글해지는 것은 뜨거운 지구가 서서히 식고 있기 때문이라고 했다. 쥐스의 주장은 그 시대에 가장 인정받은 '설'이었다.

물론 당시에도 홈스와 같은 학자는 맨틀이 대류하기 때문에 베게너의 이야기가 맞을 수도 있다고 생각했지만 대부분의 학자들은 베게너의 주장을 무시했다. 그래서 베게너는 거짓말쟁이가 되고 말았다. 베게너는 쥐스의 주장을 무너뜨릴 만큼 완벽한 대륙 이동설을 만들지 못하고 세상을 떠났다. 아! 슬프다. 베게너는 얼마나 속상했을까? 그리고 시간이 흘러 세계대전이 일어나고 잠수함을 타고 바다 밑으로 들어가 볼 수 있는 세상이 왔다.

바다 속으로 들어가 보니까 그곳에도 산이 있고, 계곡이 있고, 평야가 있었다. 이건 당시 사람들에게는 정말 놀

나, 베게너!
쥐스~ 보고 있나??

라운 사실이었다. 특히 바다 밑에는 육지 것보다 더 긴 산맥인 해령이 있고, 해령의 정상부는 열곡이라고 해서 갈라진 골짜기가 있었다. 그리고 그곳에서 새로운 마그마가 솟아 나와 새로운 지각이 만들어지고 해저가 확장되고 있다는 사실은 대륙 이동설의 확실한 증거가 될 수 있는 획기적인 발견이었다.

한마디로 중앙 해령을 중심으로 해저의 땅이 양쪽으로 벌어지고, 그 벌어진 틈으로 다시 새로운 마그마가 올라와 채우는 과정을 반복하면서 해저는 넓어지게 된다는 것이다. 이처럼 해저가 확장되는 과정에서 맨틀 위에 떠 있는 대륙 지각과 대양 지각은 바다 위 빙상처럼 떠서 이동하게 된다는 것이 알려지면서 베게너는 거짓말쟁이가 아니라 위대한 학자였음이 밝혀졌다.

유럽 대평원, 태평양, 히말라야 산맥의
공통점은 무엇일까?

우주선에서 본 지구는 표면이 매끄러운 공처럼 보이지만 가까이서 보면 울퉁불퉁하다. 지표면은 해수면을 기준으로 산이나 고원이 있는 곳은 튀어나와 있고, 바다가 있는 곳은 밑으로 꺼져 있다. 그리고 산과 산 사이, 바다와 산 사이에는 평야가 있다.

지형 중 어떤 것은 인간이 그어 놓은 국경을 넘어 여러 나라에 걸쳐 있을 정도로 규모가 엄청난데, 그런 지형을 대지형이라고 한다. 히말라야 산맥·안데스 산맥 같은 대산맥, 태평양·인도양 같은 대양, 유럽 대평원, 시베리아 대평원 등은 하늘에서 내려다보면 금방 눈에 띄는 대지형이다.

산맥의 길이를 정확히 재기는 어렵지만 해발 고도 7000~8000m 이상의 산이 즐비한 히말라야 산맥의 길이는 약 2400km, 세계에서 가장 긴 아메리카의 안데스 산맥의 길이는 자그마치 7100km나 된다. 그 정도면 시속 300km의 고속 철도로 쉬지 않고 달린다고 할 때 히말라야 산맥은 8시간, 안데스 산맥은 24시간을 달려야 하는 길이이다. 실제로 높고 험한 산 위에 곧게 뻗은 철길을 놓기는 어려우니 상상에 맡긴다.

유럽 대평원이나 시베리아 대평원, 아메리카 중앙 대평

원, 호주 내륙 대평원 등도 우리나라 땅덩어리 수십 개가 들어가도 남을 만큼 넓다. 대양은 더 넓어서 태평양은 우리나라 땅덩어리 수백 개가 들어가도 남을 것이다.

그럼 대평원, 대산맥, 대양이 크다는 것 말고 또 어떤 공통점이 있을까? 대지형 형님들은 크다고 다 족보에 끼워 주지는 않는다. 크기로 치면 나일 강 삼각주나 미시시피 삼각주도 높은 하늘에서 보인다. 하지만 삼각주는 대지형이라고 하지 않는다. 만약 자신들이 대지형이라고 소문을 내고 다닌다면 형님들한테 혼난다.

대지형 족보에 끼려면 덩치도 커야 하지만 지구 내부에서 꿈틀대고 있는 '맨틀 운동'과 관계가 있어야 한다. 맨틀 운동이 뭔지 알지? 대지형은 맨틀 위에 떠 있는 판의 움직임에 따라 일어나는 조산 운동, 조륙 운동 등으로 만들어진 지형이다. 조산 운동(造山運動)이란 산을 만드는 운동으로, 판끼리 충돌하거나 판이 끊어지면서 큰 산맥이 만들어지는 것을 말한다. 또 조륙 운동(造陸運動)은 육지를 만드는 운동으로, 조산 운동처럼 격렬하게 충돌하거나 끊어지는 것이 아니라 거대한 대륙이 제자리에서 서서히 올라가거나 내려가

소지형도 있을까?

'소지형'도 있다. 소지형은 대지형보다 규모가 작은 지형으로 대지형의 품에 안겨 있는 지형이다. 예를 들어 대지형인 안데스 산맥에 있는 계곡, 호수, 빙하 등은 모두 소지형이다. 소지형은 주로 기후의 영향을 받아 비, 바람, 눈, 빙하, 하천에 의한 침식 · 운반 · 퇴적 작용으로 만들어진 지형이다.

는, 곧 융기와 침강 운동을 말한다. 거대한 평야들은 옛날에는 얕은 바다였는데 서서히 융기하여 만들어진 곳이 많다.

러시아의 우랄 산맥이 사라지는 게 아닐까?

아시아와 유럽의 경계로 알려진 우랄 산맥은 고생대에 만들어진 산맥이다. 고생대에도 판은 이동하고 있었고, 지구 곳곳에서 지각끼리 충돌하며 여러 산맥이 만들어졌다. 고생대는 2억 5000만 년에서 6억 년 전으로, 그때는 인간이 존재하지도 않았고 삼엽충이나 척추가 없는 생물만이 살았다.

고생대 당시 두 대륙의 충돌로 만들어진 우랄 산맥의 해발고도를 알기는 어렵다. 현재는 1000~2000m이고 완만한 산들을 품은 산맥이지만, 고생대에는 지금의 안데스 산맥처럼 높고 험준하였을 것이다.

그럼 그렇게 높던 우랄 산맥이 왜 낮아진 걸까? 어쩌면 그것은 세상의 이치이다.

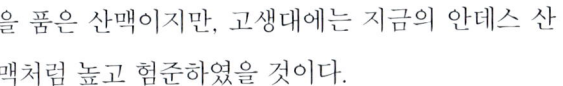

사람도 어린 시절에는 해마다 키가 크지만 어른이 되고 나면 더 이상 크지 않고, 늙으면 오히려 키가 줄어든다. 오랜 시간이 지나는 동안 비와 바람, 빙하에 의해 높은 산의 정상부는 깎이고, 계곡은 깊고 넓어질 것이다. 이런 과정을 계속 거치다 보면 결국 산이 낮아지고 경사는 완만해진다.

기후만 좋다면 농사를 짓기에도 유리하고, 마을을 만들어 살기에도 좋다. 오히려 신생대에 만들어진 산보다 많은 인간이 정착해서 살 수 있는 고마운 산이 많다. 우랄 산맥 외에도 오스트레일리아의 그레이트디바이딩 산맥, 아프리카의 드라켄즈버그 산맥, 아메리카의 애팔래치아 산맥 등은 고생대에 만들어져 지금은 낮아진 산맥들이다.

우랄 산맥은 히말라야 산맥처럼 격렬한 지각 운동을 통해 아직도 키가 계속 크는 산맥이 아니기 때문에 현재와 같은 기후 조건이 유지된다면 미래에는 더욱 낮아질 것이다. 물론 우리가 살아 있는 동안 볼 가능성은 거의 없지만 나중에는 평평한 평야가 될지도 모른다.

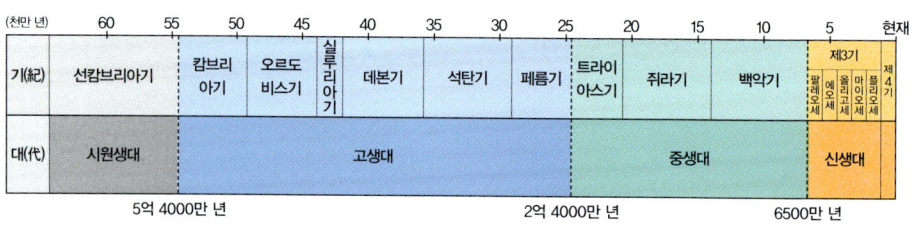

긴나긴 시간에 이름을 붙여 놓았어!

지질 시대 구분

(천만 년)	60	55	50	45	40	35	30	25	20	15	10	5	현재
기(紀)	선캄브리아기		캄브리아기	오르도비스기	실루리아기	데본기	석탄기	페름기	트라이아스기	쥐라기	백악기	제3기 팔레오세 에오세 올리고세 마이오세 플리오세	제4기
대(代)	시원생대		고생대						중생대			신생대	

5억 4000만 년   2억 4000만 년   6500만 년

초모랑마(네팔)

정말 초모랑마가 높아지고 있을까?

 2010년에 미국의 13세 소년이 해발고도 8850m의 '초모랑마' 정상에 올랐다. 나이 어린 소년이 세계에서 가장 높은 산에 올랐기 때문에 모든 신문과 텔레비전에서 떠들썩했다. 그렇다. 독도를 프랑스에서 '리앙쿠르'라고 부르듯 '에베레스트'라는 이름은 유럽인이 붙인 이름이고, 그곳 주민들은 오래전부터 그 산을 '초모랑마'라고 불렀다.

 초모랑마의 해발고도가 변하고 있다. 1975년에 초모랑마의 높이는 8848.13m였으나 1999년에는 8850m였다. 2m가 더 커졌다. 혹시 잘못 잰 것일까? 그럴 수도 있지만 학자들은 초모랑마가 높아지고 있다고 말한다. 초모랑마는 히말라야 산맥에 있는 많은 높은 산

중에 가장 높은 산이다. 히말라야 산맥에 높은 산이 많은 것은 아시아 대륙과 인도 반도가 충돌하여 솟았기 때문이다.

　인간이 지구에 살기 전, 그러니까 정말 이주 오래전에 아시아와 인도는 바다를 사이에 두고 멀리 떨어져 있었다. 언제부터인지 정확히는 모르지만 두 땅덩어리가 서로를 향해 움직였고, 약 6500만 년 전인 신생대에 충돌했다. 달리던 두 대의 자동차가 정면 충돌하여 철판이 찌그러지듯, 인도의 북쪽 해안과 아시아의 남쪽 해안에서 강렬한 부딪침이 지속되었고 땅이 자동차 철판처럼 휘어지고 찌그러지며 계속 높아졌다. 오늘날 히말라야의 수천 미터 높이에서 암모나이트나 조개껍데기 화석 따위가 발견되는데, 이것은 당시 해안에 살던 생물들의 흔적이다.

　그런데 초모랑마가 아직도 높아지고 있는 것은 그 충돌이 끝나지 않았다는 증거이기도 하다. 히말라야 산맥은 아직 어른이 다 된 것이 아닌가 보다. 지금도 키가 크고 있으니.

알프스의 마터호른은 왜 뾰족할까?

　알프스 산맥에는 '마터호른'이라는 높고 뾰족한 봉우리가 있다. 해발고도 4400m가 넘고, 뾰족한 봉우리의 높이만도 1500m이다. 정신이 아찔할 정도로 급한 경사 때문에 최초로 정상에 오른 산악인은 결국 하산 도중에 사고로 죽었다. 하지만 마터호른의 정상 정복을 꿈꾸는 산악인들의 도전은 계속되고 있다.

마터호른은 독일식 이름이며, '호른'은 뾰족한 봉우리(첨봉)를 말한다. 스위스 쪽으로 오르면 가장 아름다운 마터호른을 볼 수 있다.

접근하기조차 어려울 만큼 가파른 봉우리를 누가 깎아 놓았을까? 아무리 봐도 사람이 한 것 같지는 않고, 혹시 바람일까? 바람이 아무리 강해도 거대한 암석을 피라미드처럼 깎기는 어렵다. 그런데 가만히 보면 무엇이 그랬는지 알 수 있는 실마리가 잡힌다.

우선 마터호른처럼 뾰족한 봉우리가 주로 어디에서 발견되는지 찾아보자. 이런 봉우리는 히말라야 산맥, 안데스 산맥, 로키 산맥 같은 높고 험준한 산에서 발견된다. 그리고 봉우리 주변에 빙하가 남아 있다. 갑자기 형사가 된 느낌이지? 맞다. 뾰족한 봉우리는 바로 빙하가 깎아 놓았다. 빙하는 얼음 하천의 줄임말이다. 강물처럼 빠르게 흐르지는 않지만 카메라를 설치하고 오랫동안 지켜보면 빙하의 흐름이 보인다.

빙하기 때는 지금보다 더 넓은 지역이 얼음으로 채워져 있었다. 알프스 산맥에도 지금보다 훨씬 많은 빙하가 있었고, 빙하 자체의 엄청난 무게와 압력으로 계곡이 깊이 파였다. 그리고 빙하는 지면에 엄청난 압력을 주며 낮은 곳을 향해 천천히 흘렀다. 하나의 산지에서 계곡마다 얼음 하천이 깊이 땅을 파다 보면 계곡과 계곡 사이가 좁아지고, 마터호른과 같이 높고 날카로운 능선을 가진 뾰족한 봉우리로 발달하게 된다.

습곡 산맥

유럽의 알프스 산맥도 만들어진 과정이 히말라야와 비슷하다. 알프스 산맥은 유럽 땅과 아프리카 땅이 만나 만들어졌다. 오랜 시간 동안 두 땅덩어리가 가까워지는 과정을 거쳐 유럽과 아프리카의 경계면을 따라 알프스 산맥이 만들어졌다. 안데스 산맥과 로키 산맥은 히말라야 산맥이나 알프스 산맥이 만들어진 과정과는 좀 다르다.

알프스 산맥과 히말라야 산맥은 육지끼리 만나서 만들어졌지만, 안데스 산맥과 로키 산맥은 육지와 바다 속 땅이 만나서 만들어졌다. 바다 속 땅이라고 말하니까 좀 낯설지? 지금은 바닷물 속에 있어서 땅으로 안 보이지만 태평양이나 대서양의 바닷물을 다 퍼내면 그 바닥에도 땅이 있다. 바다 속 땅은 육지와는 달라서 색깔도 검고 더 무겁다. 태평양 바다 속 땅은 너무 무거워서 아메리카 땅 밑으로 파고 들어가면서 아메리카 땅을 높이 굽이쳐 솟아오르게 만들었다. 이렇게 판끼리 부딪쳐서 만들어지는 산맥을 '습곡 산맥'이라고 한다.

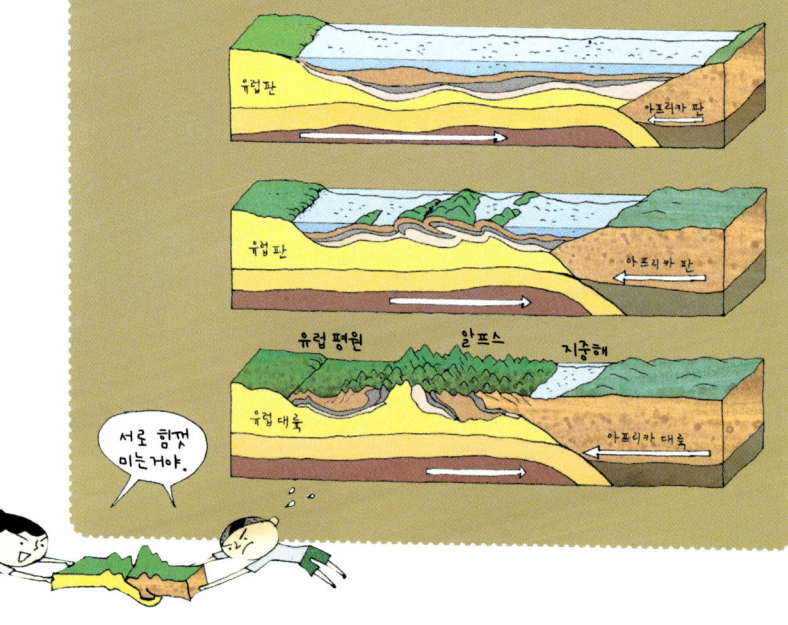

노르웨이와 뉴질랜드의 해안선은 왜 닮았을까?

'북극으로 가는 길'이란 뜻을 가진 '노르웨이'는 북반구 고위도에 있는 나라이고, 뉴질랜드를 발견한 네덜란드 사람이 모국(母國) 네덜란드의 한 주의 이름을 따서 '새로운 젤란드'로 이름 붙인 '뉴질랜드'는 남반구에 있는 섬나라이다.

지구상의 위치로 보나 나라 이름의 역사적 배경으로 보나 별로 관계없어 보이는 노르웨이와 뉴질랜드이지만, 이 두 나라는 닮은 점이 있다. 세로로 길게 생긴 국토 모양도 닮았지만, 특히 노르웨이 서쪽 해안선과 뉴질랜드 서쪽 해안선이 꼭 닮았다. 두 나라의 해안선을 하늘에서 보면 마치 곱창처럼 꼬불꼬불하다. 해안선을 따라 걸어 보면 너무 들쭉날쭉하여 직선으로 가는 것보다 적어도 5배 이상 길다. 이 곱창 같은 해안을 '피오르'라고 부른다. '피오르'는 두 나라 외에도 칠레 남부 해안, 캐나다 서부 해안, 그린란드 남부 해안 등에서도 나타난다.

피오르 해안은 빙하가 흐르면서 파 놓은 U자 모양의 골짜기에 후빙기 때 해수면이 높아지는 과정에서 바닷물이 들어온 해안이다. 이 멀미 나는 곱창 해안으로 해마다 많은 관광객이 모인다. 해안에서 유람선을 타고 들쭉날쭉한 곳을 따라 내륙 깊숙이 들어가면 양쪽으로 병풍처럼 둘러 쳐진 수직 절벽이 무척 아름답다. '와' 하는 탄성이 여기저기서 나오고 사람들은 사진 찍기에 쁘다.

관광객들이 감탄하는 수직 절벽은 빙하기 때 빙하가 흐르며 산지를 거의 수직으로 깊게 깎은 곳에 해수면이 높아지면서 바닷물

육지 깊숙이 바닷물이 들어오는
피오르 해안과 그 위성 사진
(뉴질랜드)

이 차 들어온 것이다. 그러고 보니 닮은 것이 하나 더 있다. 바로 곱 창 해안이 두 나라에 많은 외화를 벌어다 준다는 것!

핀란드에는 왜 호수가 많을까?

핀족의 나라 핀란드에는 1만 개가 넘는 호수가 있다. 핀란드는 휴대폰 회사인 '노키아'로 유명하지만 핀란드 사람들은 자신의 나라를 수오미(Suomi)라고 부른다. 수오미는 '호수가 많은 나라'라는 뜻의 핀란드어이다. 핀란드는 전 국토의 70%가 숲과 호수이며, 호수 면적만 해도 국토 면적의 10%를 차지하고 둘레가 100km를 넘는 호수도 60개가 넘는다. 핀란드의 호수에는 아름다운 섬이 자그마치 1만 3000개나 있다고 한다.

핀란드는 역사적으로는 스웨덴과 러시아의 지배를 받은 곳이며, 그 전에는 빙하의 지배를 받은 곳이다. 그래서 핀란드에는 스웨덴식이나 러시아식 건축물이 흔하고, 땅에는 얼음 자국이 많다. 핀란드는 빙하기 때 국토 전체가 두꺼운 얼음으로 덮여 있었다. 당시 무거운 얼음덩어리는 산지나 평야의 움푹한 곳, 계곡이나 하천 등 요(凹) 자처럼 생긴 곳을 더 크고 깊게 파 놓았다. 시간이 지나 기온이 오르면서 움푹 파인 곳에 빙하 녹은 물이 고여 호수가 되었다. 빙하기가 핀란드에만 찾아온 것은 아니니, 이런 풍경은 고위도 지역으로 가면 쉽게 볼 수 있다. 세계에는 호수의 나라라고 자랑하는 나라가 더 있다. 캐나다, 뉴질랜드, 스웨덴, 스위스 등이다. 또 러시아도 빙하 호수가 즐비하고, 유명한 미국의 5대호도 빙하 호수이다.

한편, 최근에는 빙하가 빠른 속도로 녹는 바람에 상상도 못 했던 일이 핀란드에서 일어나고 있다. 거대한 얼음이 녹으면 해수면이 올라가 국토 면적이 줄 것이라고 생각했는데, 그 반대 현상이 나타났다. 무거운 얼음에 눌려 있던 땅이 해방이 되면서 1년에 약 2~4mm 정도 올라오는 것이다. 이 때문에 핀란드의 남해안과 서

핀란드의 호수 지형과
위성 사진

해안에는 새로운 해안 평야가 생기고, 섬도 늘고 있다. 핀란드 사람
들은 좋겠다. 자랑거리가 계속 늘고 있으니.

바이칼 호수와 말라위 호수는 무엇이 닮았을까?

러시아 시베리아 남동쪽에 있는 바이칼 호수는 몽골어로 '풍요
로운 호수'를 뜻하는 '바이갈'에서 그 이름이 나왔다. 이름 그대로
바이칼은 매우 풍요롭다. 또 모양이 사람의 눈처럼 길고 맑아서 '지
구의 푸른 눈'으로 불리기도 한다. 바이칼 호수는 올림픽 다관왕처
럼 여러 개의 금메달을 가지고 있다. 세계에서 가장 오래된 호수,
세계에서 가장 깊은 호수, 세계에서 물이 가장 많은 호수, 세계에서
가장 맑은 호수 등이다.

바이칼의 나이는 2500만 살, 바이칼에 담겨 있는 물의 양은 미국의 5대호의 물을 모두 합친 것만큼이나 된다. 바이칼 호수로 들어오는 강만 해도 300개가 넘는다. 바이칼은 수심 40m에서 노는 물고기가 육안으로 보일 정도로 맑으며, 깊이는 1500m가 넘는다. 또 수심을 잰 위치에 따라 깊은 곳은 1700m인 곳도 있다. 바이칼은 바다가 아닌데 호수치고는 정말 깊다는 생각이 든다. 아메리카의 5대호도 평균 수심이 고작 수십 m에서 깊어야 수백 m인데……

바이칼 호수는 왜 깊은 것일까? 바이칼은 단층 운동으로 쪼개진 땅에 물이 고여 호수가 되었다. 땅은 강력한 힘을 받으면 휘어지고 쪼개진다. 또 쪼개진 선이 더욱 벌어지기도 한다. 지각이 쪼개진 깊이는 얕게는 수 m에서 깊게는 1000m를 넘기도 하는데, 이렇게 갈라진 틈으로 강물이 흘러들면 호수가 된다.

지구에는 단층으로 생긴 호수가 여러

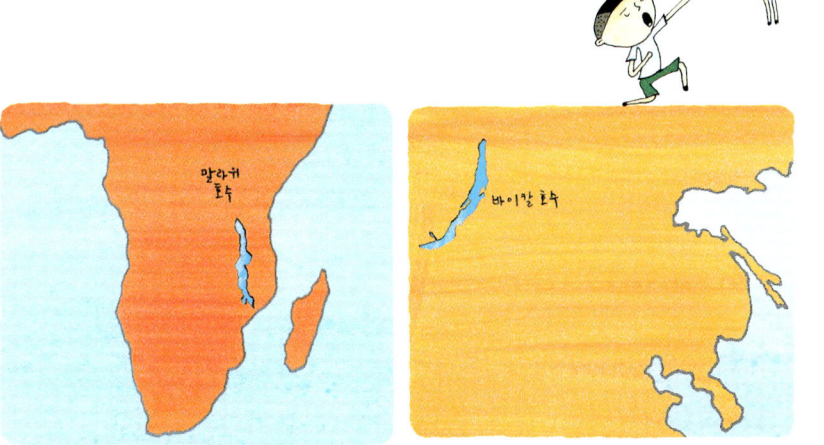

곳에 있으며, 그런 곳은 대체로 수심이 깊고 호숫가에 가파른 산지가 나타난다. 동아프리카의 말라위 호수도 기다랗게 생겼고, 수심이 1400m이다. 이 호수도 동아프리카 땅이 쪼개서 살라지면서 그 틈새에 물이 고여 만들어졌다. 동아프리카는 앞으로도 더 갈라질 것이라고 하니 말라위 호수는 바다가 될지도 모르겠다.

이집트는 왜 나일 강의 선물일까?

이집트는 면적이 한반도(약 22만 km²)의 4배 정도이고 인구는 남북한을 합친 만큼 많은 나라이다. 하지만 고대 문명을 꽃피웠던 이집트는 그렇게 넓은 땅이 아니었다. 원래 '이집트'라는 이름은 나일 강이 범람하여 덮었던 곳을 뜻하는 말이다. 나일 강의 상류 지역인 아비시니아 고원 지역은 건기와 우기가 뚜렷한 곳이다. 상류 지역에서 비가 내리면 나일 강이 범람하기 시작하여 우기가 끝나면 범람이 멈춘다.

나일 강은 메마른 사막을 가로질러 흐르는 하천이며, '나일'은 그리스어로 '검다'란 뜻이다. 매년 홍수로 쓸려 내려온 내륙 지방의 부엽토가 쌓이고 쌓여 썩으면서 강변에 '검은색'의 비옥한 토지를 만들었다. 사람들은 비옥해진 토양에 씨를 뿌리고 작물을 재배했다. 헤마다 나일 강이 넘쳤지만 똑같은 시기에 범람했기 때문에 사람들은 오히려 나일 강의 범람에 의존하여 농사를 지었다. 이런 이유로 이집트를 '나일 강의 선물'이라고 했다. 특히 나일 강과 바다

가 만나는 곳에 만들어진 삼각주는 이집트 사람들에게 가장 중요
한 삶의 터전이었다.

　이집트의 나일 강 삼각주는 동서 간의 거리가 약 240km나 되고,
남북 간의 거리는 약 160km이다. 강과 바다가 만나는 곳에 만들어
진 것이라고 하니까 작을 줄 알았을 것이다.

　오늘날에도 약 7500만 명의 이집트 인구 중 90%가 나일 강변과
지중해 연안, 홍해 연안에 산다. 농사를 지을 수 있고 무역에 유리한
곳이기 때문이다. 특히 북동쪽에 있는 수에즈 해협은 시나이 반도

와 서아시아와 접촉할 수 있는 중요한 문화 교류 지역이다.

21세기에 들어서 나일 강에 아스완 댐, 아스완하이 댐 등 여러 개의 댐이 건설되어 범람을 조절하게 되었고, 몇몇 댐에서는 전력도 생산하고 있다. 댐이 건설되면서 이집트는 남한 면적의 약 5분의 1(2만 4300km²)만큼의 농경지에 물을 공급하게 되었고, 곡물 생산량도 늘었다. 하지만 댐 건설로 지켜야 할 고대 유적지가 수몰되고, 또 범람이 줄면서 토양의 질이 나빠지는 바람에 인공 비료가 있어야 농사를 지을 수 있는 곳으로 변하고 있어서 걱정이란다. 이러다가 나일 강이 선물을 그만 주면 어떡하려나?

미국의 모하비 사막에는 왜 모래벌판이 드물까?

미국 캘리포니아 주를 중심으로 남한 면적의 약 60%만 한 모하비 사막이 있다. 캘리포니아는 영화 산업으로 유명하지만, 사실 모하비 사막은 '비행기의 무덤'으로 유명하다. 이 사막엔 미국뿐 아니라 다른 나라의 비행기도 모아 놓았다. 1969년 베트남 전쟁 후 미국은 폐기 처분할 비행기를 보관할 장소가 필요했다. 혹시라도 항공기 부품이 부족할 때 부품을 떼어 쓸 수 있도록 비행기 몸체가 쉽게 부식하지 않고 50년 이상 장기간 보존할 수 있는 곳이어야 했다. 미국 정부는 그런 곳을 찾다가 연 강수량이 100mm 이하인 모하비 사막을 택했다.

모하비 사막에서는 신기하게도 흔할 것 같은 모래 벌판을 하루

모하비 사막

미국 모하비 사막의 비행기 무덤

종일 차로 달려도 잘 볼 수 없다. 그도 그럴 것이 북아메리카의 사막 중 2%만이 모래사막이니 모하비 사막에서 넓은 모래 벌판을 쉽게 볼 수 없는 게 당연하다.

사막을 한자로 쓸 때 모래 사(砂) 자를 넣어 쓰는데 실제는 그렇지 않다는 것이다. 세계에서 가장 큰 사하라에서도 모래사막은 10%를 조금 넘고, 모래사막으로 유명한 아라비아 반도의 룹알할리 사막도 약 30%만이 모래사막이다. 왜 세계에는 모래사막이 적을까?

사막에서는 일교차가 크기 때문에 암석이 잘 부서지는데, 이렇게 부서진 것 중 모래나 먼지는 바람에 날려 가 한 곳에 쌓인다. 특히 사막은 나무나 풀이 거의 없어 바람에 모래나 먼지가 잘 날린다. 이

모하비 사막의 사막 포도

렇게 날린 모래는 한곳에 가서 쌓이고 자갈과 암석은 그 자리에 남아 넓은 암석 사막, 자갈 사막을 이룬다. 그리고 자갈 사막에는 바람에 깎여 매끈해진 자갈이 지표면을 촘촘하게 포장한 듯한 곳이 있는데, 그런 곳을 사막 포도라 한다.

바람의 아들 '삼릉석과 버섯바위'

먼지나 모래를 함유한 바람이 암석에 부딪치면 그 암석을 갈아 내는 풍식 작용이 일어난다. 일정한 방향으로 부는 바람의 풍식 작용을 받아 2면 또는 3면이 평탄하게 깎여, 둘 또는 세 개의 능선을 갖는 삼릉석(三稜石)이 만들어진다. 일반적으로 삼릉석은 바람을 많이 받는 쪽의 표면이 매끈해진다. 또 무거운 모래는 지표면에 깔려 이동하기 때문에 바람에 바위의 아랫부분이 깎이면 버섯을 닮은 바위가 된다.

베트남 하롱베이에 있는 섬은 누가 조각했을까?

베트남을 여행하려고 가 볼 만한 곳을 인터넷으로 검색하면 '하롱베이'가 먼저 눈에 띈다. 베트남 북부의 통킹 만에 위치한 하롱의

하롱베이

앞바다에는 수천 개의 기암괴석과 섬이 그림처럼 펼쳐져 있다. "하롱베이가 어디지?" 했던 사람도 사진을 보면 "아, 여기!" 하는 곳이다. 영화 촬영지나 텔레비전 광고 배경지로 사람들에게 널리 알려졌고, 특히 1994년에 유네스코의 세계 자연유산으로 지정되었다.

하롱베이는 깊숙이 들어간 만에 자리 잡고 있다. 그래서 이름에 '베이'(bay)가 들어간다. 이곳 바다는 만에 위치하고 섬이 많아서 큰 파도가 거의 들어오지 못하기 때문에 잔잔한 파도를 이용하는 해양 스포츠를 즐기기는 어렵다. 하지만 1년에 100만 명 이상의 관광객이 수천 개의 기암괴석과 섬, 그리고 해상에서 생활하는 원주민을 보기 위해 몰려든다.

이곳에 있는 섬이나 바위는 독특한 모습을 갖고 있다. 날카롭게 깎아지른 듯한 바위, 절벽을 간직한 섬, 지하의 환상적인 동굴 등이 기막힌 절경을 이룬다. 어떤 사람들은 이곳의 섬이나 기암괴석이 중국의 계림(구이린)을 닮았다고 한다. 그래서 하롱베이를 '바다의 계림'이라고도 한다. 멀리서 보면 모두 똑같이 생긴 섬 같지만, 나무로 만든 배를 타고 가까이 가 보면 뽀뽀바위, 개바위, 귀부인바위, 물개바위, 엄지손가락바위 등 각양각색이다. 대부분 무인도이지만 몇 개의 섬에서는 신석기 시대의 돌도끼가 발견되기도 했다.

이들 바위는 대부분이 석회암이다. 베트남의 하롱베이나 중국의 계림은 바다 밑에서 물고기 뼈나 조개껍데기 등이 퇴적되어 이루어진 석회암층이 융기하여 육지가 된 후 빗물과 지하수의 침식을 받아 만들어졌다. 석회암은 물을 만나면 녹아서 그 모양이 변한다. 따라서 석회암 지형은 비가 너무 적은 사막이나 한랭한 곳에서는 발달하기 어렵다. 실제로 계림에서 하롱베이는 연결되어 있는 석회암 지대이다.

한편, 석회암 지대에서 흔히 볼 수 있는 지형은 지하로 흐르는 하천에 의해 형성된 석회암 동굴이다. 동굴 안은 으시시하고 좀 춥기는 하지만 온갖 아름다운 모양의 종유석, 석순, 석주 등이 있으니 용기를 내서 꼭 들어가 보자.

일본과 아이슬란드는 똑같은 화산섬일까?

2010년에 남아프리카 공화국에서 열린 월드컵 경기에서 일본이 16강전에 진출했다. 이때 신문에서 "일본 열도가 들끓었다", "16강 진출! 일본 열도 잠 못들다" 같은 제목을 볼 수 있었다. 왜 '일본 열도'라고 할까? 열도는 여러 개의 섬이 줄지어 늘어서 있는 것을 뜻하는 말이다. 일본 열도 외에도 아시아와 북아메리카를 잇는 베링해의 알류샨 열도, 인도네시아의 대순다 열도, 소순다 열도 등 여러 열도가 있다.

열도가 있는 곳은 판이 이동하는 과정에서 대륙 지각과 해양 지각이 만나는 곳이다. 무거운 해양 지각이 가벼운 대륙 지각 아래로 밀려 들어가면서 깊은 곳의 암석이 녹아 마그마가 만들어진다. 이 마그마는 맨틀보다 가볍기 때문에 아래로 가지 못하고 위로 올라와 갈라진 지각의 틈을 따라 분출한다. 그 결과 열도가 만들어졌다. 만약 대륙판이 너무 두껍거나 틈이 없으면 마그마가 분출하지 못한다. 히말라야 산맥에 화산이 발달하지 못한 것은 대륙판이 너무 두껍기 때문이다.

그런가 하면 유럽의 아이슬란드는 일본과는 아주 다른 화산 활동으로 만들어졌다.

대서양 중앙의 깊은 바다에는 남북으로 길게 뻗은 해저 산맥(해령)이 있다. 해령 정상 부분은 갈라져 있는데, 연못에서 갈라진 얼음판의 틈을 따라 물이 솟는 것처럼 해령의 갈라진 정상 부분에서는 마그마가 솟아 나온다. 지구상에 뿜어 나오는 마그마의 약 75%

아이슬란드의 간헐천

가 해령에서 분출된다. 해령의 길이는 자그마치 8만 km나 된다. 지구 한 바퀴가 약 4만 km인 것을 생각해 보면 어마어마한 양의 마그마가 날마다 분출되는 것이다. 아이슬란드는 내서양 중앙 해령의 일부가 해수면 위로 드러난 곳으로, 수없이 반복된 마그마의 분출로 섬이 되었다.

아이슬란드는 전력의 70% 이상을 갈라진 땅에서 뿜는 지열로 댄다. 지열만으로 70% 이상의 전력을 공급할 수 있는 것은 아이슬란드가 지열 자원이 풍부한 까닭도 있지만 인구가 30만 명밖에 안 되기 때문이기도 하다. 어찌 됐건 지열이 풍부한 것은 사실이다.

인도의 데칸은 어떻게 고원이 되었을까?

인도의 데칸 고원은 세계적인 목화 재배지로 유명하다. 특히, 이곳에서 목화가 많이 재배되는 이유는 일손이 풍부하고, 사바나 기후라 건기와 우기가 뚜렷하고 따뜻하여 목화 재배에 유리하기 때문이다. 이곳에서 목화가 많이 재배된 데에는 남북 전쟁이라는 역사적인 배경이 있다. 미국에서 남북 전쟁이 터져 목화가 생산되지 않자, 영국이 식민지 인도의 데칸 고원을 목화의 주 생산지로 만든 것이다.

그런데 데칸 고원에서 목화 재배가 잘되는 이유가 또 하나 있다. 바로 비옥하고 배수가 잘되는 검은 현무암이 풍화되어 형성된 '레구르 토양' 때문이다. '목화토'로 불리는 '레구르'가 덮고 있는 곳은

데칸 고원 중에서도 북서부인데 이곳은 바로 용암 대지이다.

　용암 대지는 말 그대로 용암으로 된 고원이다. 용암 중 현무암질 용암은 온도가 높고 잘 흐르기 때문에 지하의 갈라진 여러 틈(열하)을 따라 분출할 경우, 낮은 곳부터 메워 높고 평탄한 고원을 만든다. 이와 같은 원리로 만들어진 용암 대지는 미국의 컬럼비아 고원, 아르헨티나의 파타고니아 고원, 에티오피아의 아비시니아 고원 등 세계 곳곳에 있다. 데칸 고원은 용암 대지 중에서도 큰 편으로, 용암의 두께가 1000~2000m, 면적도 50만 km^{2}나 된다. 이는 미국의 로키 산맥에 있는 컬럼비아 고원에 비해 약 3배나 큰 규모이다. 한편, 우리나라에도 백두산 주변과 강원도 철원에 용암 대지가 있다. 그러니 용암 대지 보려고 해외여행 가야 한다며 부모님을 조르지는 말자.

화산! 얼마나 무서울까?

서기 79년에 이탈리아의 베수비오 화산 폭발로 사라진 도시 폼페이에서 발굴한 '손으로 얼굴을 가린 채 엎드려 있는 모습'의 화석을 책에서 본 적이 있다. 소름이 돋았다. 그것 외에도 엄마가 아이를 감싸안은 모습, 죽음의 공포 속에서 발버둥치는 모습 등이 그대로 드러난 화석들이 더 있다.

화산 폭발이 일어나면 강물처럼 흐르는 용암류, 폭발로 만들어진 뜨거운 구름, 화산 가스, 화산재, 그리고 화산력, 화산 암괴 같은 다양한 크기의 화산 쇄설물이 분출한다. 이 때문에 하늘에는 짙은 구름이 만들어져 어두워지고, 땅에는 시뻘건 용암과 뜨거운 돌덩어리와 먼지가 사람들의 집과 일터를 덮는다. 많은 사람들을 죽이는 공포의 화산 가스는 대부분 수증기인데, 산 위에서 빠른 속도로 아래로 퍼져 내려가며 모든 것을 태워 재로 만든다. 1902년에 카리브 해의 펠레 화산이 폭발했을 때는 $400^\circ C$가 넘는 뜨거운 가스가 총알택시보다도 빠른 시속 수백 km의 속도로 쏟아져 내려왔다. 그 바람에 집, 학교, 시장, 관공서 등 모든 것이 재로 변했다.

화산 폭발로 피해를 보는 곳은 그 주변만이 아니다. 약 7만 3500년 전 인도네시아의 수마트라에서 토바 화산이 폭발하여 수백억 톤의 화산재와 돌가루가 공중으로 날아올랐다. 시간이 지나면서 이것들이 이불처럼 하늘을 뒤덮어 약 20년간 햇빛을 차단했다고 한다. 20년간 햇빛을 차단했다면 생태계에 어떤 영향을 주었을지 짐작하고도 남는다. 이렇게 큰 화산 폭발이 자주 발생하는 것은 아니지만, 그렇다고 해서 몇천 년, 몇만 년 전에만 이런 일이 일어났던 것도 아니다.

화산이 폭발하는 원리

콜라병의 마개를 열었을 때 압력이 급격히 내려가 이산화탄소가 거품이 되어 병 밖으로 넘쳐 나올 때가 있다. 그럴 때면 콜라가 옷에 튈까 봐 깜짝 놀란다. 이와 비슷한 원리로 화산이 폭발한다.

인도네시아 발리의 분화구 안에 사는 주민들은 왜 그곳을 떠나지 않을까?

화산이 이렇게 무서운데 실제 거대한 화산의 산비탈이나 그 아래에 사람들이 산다. 인도네시아 발리 섬에 있는 거대한 분화구 안에도 사람들이 산다. 이들은 왜 그런 곳에 살까?

사실 화산 활동이 무섭지만 해마다 일어나는 것은 아니다. 몇 년에 한 번 또는 어쩌다 한 번 일어나는, 어찌 보면 우연일 뿐이다. 또어떤 사람은 분화구 안에서 태어났어도 죽을 때까지 화산 연기만 보고 실제 폭발은 보지 못할 수도 있다. 이러다 보니 화산에 대해 안전 불감증에 걸릴 것 같기도 하다. 즉, 두려움이 무디어진다는 뜻이다. 실제로 필리핀에서 피나투보 화산이 폭발했을 때 주민 일부가 대피령을 무시하고 버틴 나머지 경찰이 권총으로 협박해서 강제로 대피시킨 일도 있다.

　그런가 하면, 신비스러운 화산 활동을 피할 수 없고 피해서는 안
되는 일종의 미신으로 받아들여 많은 인명 피해가 나기도 한다. 인
도네시아는 발리 섬 외에도 100개가 넘는 활화산이 있으며 지난
500년간 14만 명이 화산 활동으로 목숨을 잃었다. 그들 중에는 화
산을 숭배해서 화산이 폭발을 해도 도망가지 않고 죽음을 맞이한
사람도 있다.

　한편, 화산 주변에 사람들이 사는 데는 또 다른 이유가 있다. 화
산 폭발로 지하의 마그마가 솟아올라 용암이 되어 지표를 채운 후
식으면서 굳어져 땅이 되고, 하늘을 잿빛으로 채운 화산재는 지표
를 덮어 비옥한 토양을 만든다. 또 용암이 굳어진 화산암은 건축

인도네시아 아궁화산 분화구 안에는 사람들이 사는 마을이 있다.

발리 섬

재료가 되고, 마그마가 지하에서 굳으면서 만들어지는 구리, 주석 따위는 중요한 지하자원이다.

이것만이 아니다. 연기를 뿜어 올리는 화산을 보려고 외국에서 관광객이 몰려들어 뜨끈뜨끈한 화산 온천수에서 목욕도 하며 주민들의 소득을 올려 준다. 알고 보면 화산은 두 개의 얼굴을 하고 있는 '야누스'이다.

지진은 왜 일어날까?

텔레비전 뉴스나 신문으로 가끔 큰 지진 소식을 듣는 사람들은 지진이 자주 발생하는 것이 아니라고 생각하기 쉽다. 하지만 지구 곳곳에서는 하루도 거르지 않고 지진이 발생한다. 다만 강하지 않은 지진은 큰 피해가 없을 뿐이다.

지진은 주로 지각 변동으로 지각판끼리 충돌하거나 지각판이 갈라지는 충격 등으로 땅이 진동하는 현상이다. 지진은 자연적인 원인 외에도 인간의 행동 때문에 발생하기도 한다. 원유나 지하수를 지나치게 개발하거나, 대규모 댐을 건설하게 되면 땅이 무너지면서 지진이 발생하기도 한다.

땅이 조금 흔들리거나 방 안 책장이 덜컹거리는 정도의 지진은 발생 횟수는 잦아도 그 피해가 작다. 하지만 어쩌다 한 번 발생하는 대지진은 집과 도로를 부수고, 화재·지진 해일·산사태 등을 일으킨다. 지금까지 대지진은 '불의 고리'로 불리는 태평양을 둘러싼

연안 지역에서 가장 많이 일어났고, 터키, 이란, 파키스탄, 중국을 비롯한 아시아 대륙 내부에서도 발생하였다. 그리고 대서양과 인도 양의 한가운데에서는 주로 흔들림이 작은 지진이 발생하였다.

특히 일본은 태평양과 맞닿아 있고, 지금도 태평양 해저의 땅이 일본 쪽으로 밀려오고 있다. 이 충격으로 지각이 끊어지면서 지진 이 자주 발생하고, 심하면 시신 해일도 발생한다. 대지진의 피해가 큰 것은 화재가 또 한몫을 하기 때문이다. 건물, 도로, 다리 등이 파 괴되면서 화재가 난다.

내진 설계로 지은 집

지진 피해를 살펴보면 미국이나 일본은 중국, 인도, 이란 등에 비해 피해 규모가 훨씬 작다. 그만큼 지진에 잘 대비하고 있기 때문이다.

지진 발생을 미리 예측하여 알리고 건물이나 시설물을 지을 때 지진에 잘 견딜 수 있도록 내진 설계하여 건설한다면 피해를 최소화할 수 있다. 내진 설계를 한다고 꼭 돈이 많이 드는 것은 아니다. 짚, 진흙, 폐타이어 따위를 이용해 돈을 많이 들이지 않고도 지진에 강한 집을 지을 수 있다. 파키스탄에서는 짚을 이용해 집을 짓고, 압축한 볏짚단을 나일론 망사로 연결한 다음 회반죽을 덧바른다. 아이티에서는 지붕을 가볍게 하기 위해 가벼운 금속을 쓰고, 벽에 일정한 간격으로 작은 창을 낸다. 그러면 벽체가 그만큼 지진에 강해진다. 페루에서는 유칼립투스나 대나무로 벽체를 보강하고, 흙벽을 망사로 씌워 집이 무너지는 것을 막는다.

바다 속 지진이 어떻게 쓰나미를 만들까?

2004년 12월 인도네시아에서 규모 9.3의 강진이 발생한 이후 쓰나미(지진 해일)가 덮쳐 20만 명에 가까운 사망자가 발생했다. 이 쓰나미는 해저 지진에 의해 발생한 것으로, 가장 많은 인명 피해를 기록했다.

거대한 쓰나미의 피해는 2011년에도 있었다. 2011년 3월 진도 8.9의 강력한 지진이 일본 동북부에 있는 후쿠시마의 해안에서 약 178km 떨어진 바다 속 지하 24.4km 지점에서 발생하였다. 깊은 바다 속에서 발생한 지진이지만 일본 전체가 흔들흔들했으며, 동부 해안에서는 건물과 다리가 무너지고 도로가 파괴되었다. 그런데 피해는 여기서 그친 게 아니었다.

최대 높이 10m가 넘는 어마어마한 크기의 쓰나미가 일본 동북부 해안을 덮친 것이다. 재산 피해는 너무 커서 계산하기도 힘들 정도였으며, 사망자만 1만 5000명에 이르렀다. 그리고 사망자 대부분은 익사한 것으로 드러났다. 사실 해안을 향해 거대한 파도가 밀려오는 일은 지진 외에도 폭풍, 화산 활동, 빙하의 붕괴 등으로 생길 수 있다. 그중 바다에서 일어난 지진에 의해 발생된 거대한 파도가 쓰나미이다.

'쓰나미'(津波, Tsunami)는 해안(津)을 뜻하는 '쓰'와 파도(波)의 '나미'가 합쳐진 일본어이고, 우리말로는 '지진 해일'이라고 한다.

달에서도 지진이 발생할까?

지구에서의 진동은 지진, 달에서의 진동은 월진이라고 한다. 1960대에 처음으로 달에 사람을 보냈던 미국의 아폴로 계획에 따라 달 표면을 조사한 결과, 달에 월진이 발생하고 있음이 밝혀졌다. 하지만 월진은 지진보다 훨씬 약하고 횟수도 적다.

월진이 발생하는 이유는 몇 가지가 있다. 먼저 지구와 달이 당기는 힘에 의해 발생한다. 또 달에서 낮과 밤의 온도 변화로 달 표면의 암석들이 수축하고 팽창하는 과정에서 쪼개지고 부서지면서 월진이 발생한다. 달의 표면 온도는 가장 높을 때는 125℃, 가장 추운 새벽에는 영하 170℃가 된다. 또 우주에서 날아오는 운석 충돌로 월진이 발생하기도 한다.

쓰나미란 말은 일본에서는 1930년경부터 사용하였는데, 1946년 태평양 주변 알류샨 열도에서 지진 해일로 엄청난 피해가 났을 때 세계 언론들이 '지진과 해일'을 일컫는 말로 '쓰나미'를 사용하면서 널리 알려졌고, 1963년에 열린 국제과학회의에서 국제 용어로 공식 채택되었다.

바다 밑에는 해양 지각이 있다. 그런데 해양 지각이 강력한 힘을 받아 뚝 끊어져 지각의 높이가 달라지면 지각 위에 있던 물의 수면도 달라지며 굴곡이 생긴다. 달라진 해수면의 높이는 다시 같아지기 위해 출렁이기 시작한다. 출렁대는 바닷물은 옆으로 계속 전달되어 가는데, 이것이 바로 지진 해일인 쓰나미를 발생시킨다.

해일의 속도는 바다의 깊이가 4km인 경우 시속 720km로 비행기의 속도와 맞먹는다. 그리고 해안으로 다가올수록 바다의 수심이

얕아지므로 반대로 해일의 높이는 높아지게 된다. 해안으로 오면서 물과 바닥과의 마찰이 커지기 때문에 해일의 속도는 줄어든다. 그러나 파도의 앞부분 속도만 느려질 뿐 뒤에서 밀려오는 파도의 에너지는 거의 줄어들지 않은 상태이므로 파도가 힘에 밀려 높이가 수십 m에 이르는 해일로 변하여 바닷가에 도착하는 것이다.

중국의 두꺼비는 미리 알고 있었을까?

2008년 5월, 중국의 쓰촨에서 대지진이 일어났다. 지진의 강도는 '리히터 규모' 8.0이었다. 이 정도면 원자 폭탄 수만 개가 터진 것과 같다. 이 대지진으로 약 8만 6000명이 죽었고, 정신적 후유증에 시달리는 사람까지 합하면 230만 명이 고통을 겪었다. 특히 학교 건물이 붕괴되어 학생들이 많이 사망했다. 중국은 한 자녀만 낳도록 정책을 펴고 있었는데, 대지진 때문에 수많은 가정이 대가 끊어졌다.

그런데 쓰촨 대지진이 일어나기 며칠 전, 그 지역에서는 이상한 일이 있었다. 하늘에 대지진 전에 나타난다는 전설이 있는 갈비뼈 모양의 구름이 떴고, 오랜 세월 거의 변화가 없었던 우물이 넘쳤다. 특히 수를 셀 수 없을 만큼 많은 두꺼비 떼가 나타났다. 학생들은 밟히는 두꺼비 떼 때문에 학교 가는 길이 매우 성가셨고, 어떤 사람들은 "두꺼비 떼가 집 안까지 들이닥쳐 생활하기조차 어렵다."며 불편을 호소했다.

지진을 예측하는 듯한 이런 희귀한 일은 다른 나라의 지진 사례에서도 볼 수 있다. 겨울잠을 자던 뱀이나 개구리가 밖으로 나오거나 마구간의 말이 미친 듯이 날뛰는 등 사람보다 민감한 감각 기능을 가진 동물에게서 이상 징후가 많이 발견되었다. 1995년 일본의 고베 지진 때는 얌전한 개가 미친 듯이 짖고 괴로워했다.

　동물의 능력을 믿는 과학자들은 "모든 동물들은 외부 자극을 신속하고 쉽게 알아차리는 능력을 갖고 있다."고 주장한다. 지하수의 수위나 지형의 변화, 땅울림, 발광 현상 등 미세한 음파나 압력의 변화를 감지할 수 있다는 것이다. 하지만 이런 동물들의 행동을 모두 지진의 징후라고 확언하기는 어렵다. 실제로 2009년 7월 쓰촨에서 수십만 마리의 두꺼비가 이동하는 현상이 또 나타났다. 이 때문에 주민들은 모두 야외로 나와 지진이 올 것이라며 두려워했지만 정작 지진은 발생하지 않았다. 이번에는 두꺼비들이 산란기를 맞아 이동한 것이었다. 그렇다면 쓰촨 대지진을 두꺼비는 정말 알고 있었을까? 아니면 우연이었을까?

쓰촨 대지진 직전에 나타난 두꺼비 떼

쓰촨

세계 최초의 지진계

고대 중국의 지진계인데, 가운데 있는 병 모양의 용기는 청동으로 되어 있으며 그 크기는 지름이 약 2m이다. 여의주를 물고 있는 8마리의 용이 용기를 둘러 가며 있고, 그 아래에는 8마리의 두꺼비가 입을 벌리고 있다. 8마리의 용과 두꺼비가 나타내는 것은 동서 남북과 그 사이의 네 방향이다. 만약 지진이 나서 땅이 흔들리게 되면 가장 강하게 흔들리는 쪽에 있는 용의 여의주가 아래로 떨어진다. 이렇게 하여 지진이 일어날 때 어느 방향으로 흔들림이 강했는지 알 수 있는 것이다.

현대의 지진계는 지각이 끊어져 움직임이 있는 곳을 중심으로 설치되어 있다. 처음에는 추를 달아 진자 운동을 기계로 증폭시켜 측정하였다. 그러다가 기술이 발전하면서 진동을 전기 신호로 바꾸어 처리하는 전자식 지진계나 인공위성으로부터 신호를 받아 측정하는 방법도 사용하고 있다.

하지만 일기예보처럼 몇 시간이나 며칠 후에 일어날 지진을 예보하는 것은 현재의 기술로는 불가능하다. 다만 과거의 지진 증거와 최근까지의 지진 기록을 관찰해 예측한다. 지진 발생으로 나오는 지진파를 지진계가 감지하면 그 자료를 상황실로 보내어 빠르게 대처하도록 하는 것이 최선이다.

4

세계의
자원 이야기

세상에서 가장 중요한 자원은 무엇일까?

우리 몸의 65~70%, 우리 뇌 세포의 82%, 그리고 해파리와 같은 바다 생물은 98%가 이것으로 되어 있다. 순수한 이것은 색깔도 없고, 맛도 없고, 향기도 없다. 세상에는 비싼 자원도 많지만, 이것이 없으면 생명도 없기 때문에 가장 중요한 자원이라고 말할 수 있다. 여기서 말하는 이것이 무엇일까? 그래, 물이다. 지표면에서 바다와 강, 빙하까지 합치면 80%를 물이 차지하지만 무게로는 지구 전체의 0.2%가 물일 뿐이다. 물은 수증기나 얼음처럼 기체, 액체, 고체의 다양한 모습으로 우리 곁에 존재한다.

몸속의 물이 체온을 유지하고 노폐물도 없애듯이 지표면의 물은 지구 전체를 돌면서 생명을 만든다. 물은 태양 에너지에 의해 수증기로 증발해 대기로 흩어지고, 비나 눈의 모습으로 강, 바다, 평야 등에 내린다.

> 여기는 물속이 아니라 몸속 이란다….

물은 산업에서도 빼놓을 수 없는 자원이다. 전 세계에서 쓰는 물 중 4분의 1이 농업과 공업 분야에서 쓰인다. 특히 농업은 엄청난 양의 물을 쓰기 때문에 적절한 시기에 농작물에 필요한 물을 얻기 위해 갈등이 일어나기도 하고, 지나치게 물을 써서 생태계가 파괴되고 삶의 터전이 무너지기도 한다. 대표적인 예가 1960년대 소련이 아랄 해로 흘러드는 아무다리야 강과 시르다리야 강에 댐을 건설한 일이다. 구소

런은 그 물로 대규모 목화 농사와 벼농사를 지었다. 그 후 강물의 유입이 줄어든 아랄 해는 세계에서 가장 짠, 그래서 물고기조차 살지 못하는 죽은 호수가 되었고 주변 지역은 황폐해졌다.

전체적으로 보면 산업용으로 쓰이는 물의 양이 가정에서 쓰이는 물의 양보다 훨씬 많다. 따라서 가정에서 물을 재활용하고 소비를 줄이는 것도 중요하지만 산업에서 물을 줄이는 방안을 찾는 것이 매우 중요하다. 석유가 오늘날 가장 중요한 자원이라고 하지만 석유가 없는 세상에서도 살 수는 있다. 하지만 물이 없는 세상에서는 생명이 한시도 살아갈 수 없다.

먹을 수 있는 물이 가장 많은 곳은 어딜까?

지구의 물 중 97.5%가 소금물이고, 나머지는 민물이다. 소금물은 바다와 해변의 석호 같은 곳에 있다. 사해와 같은 바다는 증발이 빠른 속도로 이루어지면서 더욱 짜지고 있다. 바닷물은 짤수록 부력이 커진다. 그래서 사해에서는 사람들이 둥둥 떠서 독서도 하고 낮잠도 즐긴다.

바닷물이 짠 것은 나트륨이나 염소가 물에 녹아 있기 때문이다. 우리가 마실 수 있는 물은 짠물이 아니라 민물이다. 그런데 민물 중 80%는 북극 지방과 남극 지방, 그리고 고산 지역에 얼음으로 남아 있다. 나머지가 강, 호수, 습지, 지하수 등의 형태로 모여 있다.

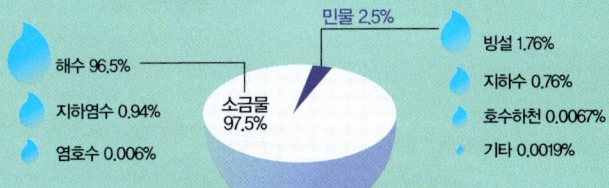

민물 2.5%

해수 96.5%

지하염수 0.94%

염호수 0.006%

소금물 97.5%

빙설 1.76%

지하수 0.76%

호수하천 0.0067%

기타 0.0019%

'석유'는 왜 중요한 자원일까?

200여 년 전만 해도 석유는 대부분의 지역에서 관심을 받지 못했다. 오늘날 석유로 떼돈을 벌고 있는 사우디아라비아나 쿠웨이트 사람들조차도 다른 사막의 사람들처럼 물이 가장 큰 관심거리였다. 하지만 오늘날 사막에서 땅을 뚫고 있는 사람들은 물보다 석유가 나오기를 더 바란다. 사막뿐만 아니라 전 세계적으로 석유는 노다지가 되었다.

석유는 과거 생물이 죽은 후 오랜 시간 동안 탄화되어 만들어졌다. 원유를 가열하면 가솔린(휘발유), 등유, 아스팔트 등이 분리되어 나온다. 왠지 익숙하게 들리는 이것들은 연료나 공업 원료로 쓰인다.

가솔린은 자동차용, 항공기용, 공업용이 있는데, 항공기용은 휘발성이 높고 저온이나 저압에서도 잘 견디지만 가격이 매우 비싸다. 공업용 가솔린은 고무 공업, 도료, 세척용 등으로 쓰인다. 그중에서 '나프타'라는 가솔린은 인쇄 잉크, 합성 고무, 합성 섬유, 염료, 의약품 등을 만드는 데 쓴다.

등유는 가정용 연료에 적합하도록 유황 함량을 낮게 하여 팬히터, 온풍기 등에 쓰거나 산업용 보일러의 연료로 쓴다. 그리고 마지막 찌꺼기인 아스팔트는 자동차 도로를 만드는 데 쓰거나 건축 재료, 방수·방습 공사 등에 많이 쓴다.

이렇게 쓸모가 많은 석유가 나오는 땅의 주인은 얼마나 좋을까? 그런데 석유는 아무 데나 있지 않다. 총 매장량의 절반 이상이 서남아시아의 페르시아 만 연안 지역에 분포한다. 나머지는 아메리카, 아프리카, 아시아, 러시아, 유럽에 분산 매장되어 있다. 그것도 고루 분포하는 것은 아니다. 석유는 주로 신생대 제3기층을 따라 분포하기 때문에 이 지층이 발달한 지역에 매장되어 있다.

왜 석유 고갈 시기는 계속 미뤄질까?

석유는 땅속에 남아 있는 원유량, 새로운 기술을 발견함으로써 생기는 수요 변화, 중국이나 인도 같은 신흥 공업국의 수요 증가 등 다양한 요인을 기초로 생산량과 소비량을 예측한다. 그러다 보니 정부, 전문 기관, 국제기구별로 차이가 나게 된다.

자원이 풍부해야 선진국이 될 수 있을까?

　오스트레일리아는 자원 부국이며 선진국이다. 생산량을 보면 철광석은 브라질과 중국에 이어 세계 3위(2007년)이고, 석탄은 중국과 미국에 이어 3위이다. 금 역시 남아프리카 공화국과 함께 세계적이며, 알루미늄 원료인 보크사이트는 세계 1위이다. 오스트레일리아 말고도 미국, 캐나다, 노르웨이 역시 자원 부국이며 선진국이다.

　하지만 자원이 풍부해도 가난한 나라가 많다. 오늘날 가장 중요한 자원인 석유를 수출하는 나라들을 보자. 석유수출국기구(OPEC) 회원국은 12개국이다. 이중 국민 소득이 높은 나라는 쿠웨이트(3만 달러), 카타르(6만 6000달러), 아랍 에미리트(3만 6000달러)이다. 반면, 나이지리아(640달러), 알제리(3000달러), 앙골라(1900달러) 등 훨씬 더 많은 나라가 가난하다.

　그런가 하면 자원이 빈약해도 선진국이 될 수 있다. 일본을 보면 그렇다. 일본의 자원 수입은 대단하다. 석탄 100%, 석유 99%, 천연가스 96%, 철광석 100%, 목재 76% 등이다. 우리나라 역시 일본과 큰 차이가 없다. 결국 풍부한 자원은 부자 나라가 되기 위해 유리한 조건이지만 필수 조건은 아니다.

석유수출국기구(OPEC) : 아프리카의 알제리 · 앙골라 · 나이지리아 · 리비아, 라틴아메리카의 볼리바르 베네수엘라 · 에콰도르, 서남아시아의 이란 · 이라크 · 쿠웨이트 · 사우디아라비아 · 카타르 · 아랍에미리트가 이에 속한다.

산업혁명의 주인공인 석탄, 지금은?

18세기에 산업혁명이 일어나자 많은 연료가 필요하게 되었다. 나무를 땔감으로 쓰면서 금세 숲이 황폐해졌고, 환경이 파괴되면서 피해도 발생했다. 결국 유럽에서는 나무가 아닌 다른 원료와 연료를 찾아 나섰는데, 이때 사람들을 사로잡은 것이 바로 화력이 좋으면서도 오래 타는 석탄이었다.

석탄을 이용했다는 기록은 이미 2000년 전 그리스에도, 중국에도 남아 있다. 하지만 석탄을 사용하여 본격적으로 산업을 발전시킨 것은 18세기 산업혁명 때부터이다. 석탄은 철을 녹이고 증기 기관을 움직였다. 당시 영국, 프랑스, 독일 등의 주요 공업 지대는 대부분 탄전을 중심으로 발달하였다. 석탄은 오늘날에도 각종 공업의 연료뿐 아니라 화력 발전의 연료, 나아가 화학 공업의 원료로 쓰이고 있다. 물론 지구온난화의 주범으로 눈총도 받고 있지만.

땅속에 파묻힌 동식물의 유해가 오랫동안 화석화하여 만들어지는 석탄이나 석유, 천연가스를 화석 연료라고 일컫는다. 그중 석탄은 과거의 식물이 땅에 매장되어 검은 돌덩어리로 변한 것이다. 샌드위치 사이에 치즈와 달걀이 들어 있듯 두꺼운 지층 사이에 석탄이 끼어 있다. 석탄이 불이 붙는 것은 그냥 돌덩어리가 아니라 나무가 굳어서 된 것이기 때문이다. 석탄에는 공업에 많이 쓰이는 역청탄과 가정용 연료로 쓰이는 무연탄이 있다. 무연탄은 잘 부서지기 때문에 먼지와 연기가 많이 나서 단단한 역청탄에 비해 가격이 싸다. 석탄은 육지가 많은 북반구에서 주로 대량으로 생산되는데,

위도 35°~55°에 걸친 지역에 많이 매장되어 있다.

　석유가 특정 장소에 집중적으로 매장되어 있는 데 비해 석탄은 비교적 전 세계에 고루고루 매장되어 있는 자원이다. 석탄은 아직까지는 화석 연료 중에서 매장량이 가장 풍부한 자원으로 알려져 있다. 대부분의 자원과 마찬가지로 석탄도 국토가 넓은 중국, 미국, 러시아, 오스트레일리아 등에 많이 매장되어 있다.

　이 중에서도 중국은 비싼 석유 대신 특히 석탄을 많이 쓴다. 문제는 질이 낮은 석탄까지도 대량으로 쓰고 있어서 대기를 크게 오염시킨다는 점이다. 미국도 전력의 50%를 화력 발전소에서 얻기 때문에 석탄을 많이 쓴다.

다이아몬드의 쓰임새

석탄이 열과 압력을 더 세게 받았다면, 공장에서 온몸을 녹이는 에너지원이 아니라 누구나 탐내는 다이아몬드가 되었을 것이다. 석탄과 다이아몬드는 같은 탄소로 되어 있지만 그 배열이 다르다고 한다. 다이아몬드는 결혼식에서 사랑의 증표로 쓰이며, 가장 비싼 보석이다. 하지만 아름다운 다이아몬드가 아프리카 콩고나 시에라리온에서는 싸움의 원인이 되어 많은 사람들이 죽고 다치는 비극으로 이어지고 있다.

다이아몬드는 보석으로도 쓰이지만 유리를 자르는 유리칼에도 쓰인다. 세계적으로 다이아몬드 광산에서 생산되는 원석은 보석용, 공업용을 합쳐 약 8억 개 정도이다. 이 중 약 80%가 벨기에의 안트베르펜에서 거래되어 세계 곳곳의 시장으로 팔려 나간다. 보석용 다이아몬드의 약 90%는 인도에서 자르고 연마되며, 이 중 대다수가 미국의 보석상으로 간다.

천연가스도 화석 연료이다

화석 연료이면서도 청정하다는 칭찬을 듣는 청정 연료가 있다. 바로 천연가스이다. 이런 까닭에 천연가스로 움직이는 자동차와 버스가 세계적으로 늘어나고, 주택에 공급되는 도시가스도 천연가스로 바뀌는 곳이 늘고 있다. 이는 우리나라도 마찬가지이다. 아직까지는 천연가스의 국제 가격이 그렇게 비싸지 않기 때문에 이런 추세가 당분간 이어질 것 같다.

천연가스는 메탄, 에탄올, 프로판으로 구성되며, 주로 석유와 함께 매장되어 있다. 천연가스는 석유보다 오염 물질을 적게 배출해서 공해를 덜 일으키지만 가스이기 때문에 과거에는 다른 지역으로 수출하거나 이동하기가 어려웠다.

하지만 기체 상태의 천연가스를 운반하고 저장하기 쉽도록 영하 162°C로 액화하는 '냉동 액화 기술'이 나오면서 천연가스는 세계적인 자원으로 성장하기 시작했다. 액화된 천연가스를 액화 천연가스(LNG)라고 한다. 오늘날에는 대형 선박과 파이프 등을 통해 천연가스가 대륙과 대륙, 국가와 국가 사이를 오간다.

천연가스의 생산 지역을 보면 석유처럼 중동 지역에서도 많이 나지만, 특히 러시아와 미국이 세계 천연가스 생산량의 약 40%를 차지하고 있다. 우리나라도 천연가스가 조금은 생산되고 있지만, 천연가스처럼 중요한 자원이 특정 국가에 집중적으로 매장되어 있다는 것은 나머지 나라에게는 미래에 천연가스 쇼크가 나타날지도 모른다는 걱정을 안겨 준다.

'우라늄'은 화석 연료의 대안일까?

1945년 8월 6일, 일본 히로시마에서 역사상 최초로 원자 폭탄이 터졌다. 이 무서운 핵무기는 수백만 명의 목숨을 빼앗아 갔던 제2차 세계대전을 끝나게 했지만, 일본에서는 오늘날까지도 방사선 피해자 27만 명이 고통을 겪고 있다.

우라늄 1g당 매초 약 0.0003개의 원자가 핵분열을 일으키는데, 이것이 일정한 양 이상 모이면 연쇄 반응에 의해서 엄청난 폭발이 일어난다. 이를 이용한 것이 바로 핵폭탄이다. 이 원리가 우라늄을 원료로 하는 원자력 발전에도 이용된다.

카자흐스탄은 2009년 전 세계 우라늄 생산의 27%를 차지한 세계 1위의 우라늄 생산국이다. 그 밖에 니제르, 보츠와나, 나미비아,

미국, 오스트레일리아도 생산량이 많다. 최근 지구 온난화로 석유, 석탄 같은 화석 연료의 이용에 빨간불이 들어왔다. 이에 따라 원자력이 대안이라는 주장이 힘을 얻고 있다. 무엇보다 원자력 발전은 지구 온난화의 주범인 이산화탄소를 배출하지 않는다. 다만 처음 기동 전력을 확보하기 위해 이용되는 기기들이 내뿜는 이산화탄소가 고작이다.

원자력 발전은 우라늄을 원자로에 한번 장전하면 1년 반 정도는 연료를 교체할 필요가 없다. 그래서 거래 단가가 kWh당 석유 145원, 석탄 60원인 데 비해 원자력은 겨우 35원이라고 한다. 이는 우라늄 1kg로 만드는 에너지양이 석탄 3000톤, 석유 9000드럼으로 만드는 에너지양과 같음을 뜻한다.

2009년 말 기준으로 전 세계에 있는 원자력 발전소는 441기로 전 세계 총 발전량의 15%를 차지한다. 이 중 가장 많은 비중을 차지하는 나라는 104기를 가동하고 있는 미국과 국가 전력의 78%를 원자력 발전이 담당하는 데다 남아도는 전력을 수출까지 하는 프랑스이다.

왜 원자력에 반대하는 사람들이 있는 걸까?

지구 온난화와 경제성을 생각하면 원자력이 21세기를 지배해야 할 것 같은데 왜 원자력에 반대하는 사람들이 있는 걸까?

1979년 미국의 쓰리마일 사건과 1986년 소련 체르노빌 사건은 핵에너지는 위험하다는 생각을 깊이 심어 주었다. 방사선에 노출된 체르노빌 지역은 아직도 사람들의 접근이 통제되고 있다.

원자력 발전을 옹호하는 사람들은 "안전하게만 관리하면 괜찮다."고 주장한다. 물론 원자력 발전소나 핵폐기물 처리장은 부지를 선정할 때 안전성을 가장 중시한다. 먼저 지진이 일어날 가능성이 희박한 곳, 다음은 핵분열 때 나오는 뜨거운 열을 식히기 위한 물이 충분한 곳이 후보지가 된다. 또 발전소 설계에 이중 삼중의 안전장치를 마련한다. 하지만 안전을 100% 보장할 수 있을까?

예상하지 못한 강한 지진이나 테러, 그리고 원자력 발전소의 자체 문제로 사고가 난다면 원자 폭탄보다 더 큰 위험을 초래할 수 있다. 작은 폭탄에 들어 있는 우라늄의 양과 대형 발전소에서 쓰는 우라늄의 양은 비교가 안 되기 때문이다. 실제로 2011년 3월에 있었던 대지진과 쓰나미로 일본 동부의 후쿠시마 원자력 발전소에 사고가 발생하여 소련의 체르노빌 사고를 능가하는 큰 피해로 많은 일본인들을 공포로 몰아넣었고, 방사성 물질이 국경을 넘어 전 지구에 영향을 미치고 있다.

그러면 그런 위험을 감수할 만큼 비용이 적게 들까? 이 점에 대해서 핵폐기물의 처리와 관리에 들어가는 비용을 생각할 때 원자력이 전혀 저렴하지 않다는 반론이 제기된다.

또한 원자력은 저탄소 에너지일 뿐이지, 환경에 피해를 주지 않는 친환경 에너지는 아니다. 무엇보다도 원자력 발전 과정에서는 방사성 물질이 발생하고 방사성 폐기물의 처분은 인류 전체에게 심각한 영향을 줄 수 있다.

원자력 발전이 어떤 것인지 알기 바란다

일본의 베테랑 원전 건설 현장 감독인 히라이 노리오(1997년 암으로 사망)가 쓴 '원자력 발전이 어떤 것인지 알기 바란다'는 편지가 후쿠시마 원전 사태를 계기로 주목을 받았다. 이 편지는 일단 가동된 원자로는 경제적인 이유와 기술적인 문제로 설계 수명을 넘겨서도 계속 사용할 수밖에 없다는 무서운 '비밀'을 폭로한다.

"후쿠시마 제1원전 1호기(1971년 기공)는 설계 당시 10년의 수명을 기준으로 시공되었다. 그러나 10년이 지난 1981년 도쿄전력(원전 운영 회사)은 방사선 덩어리인 원전을 폐로하고 해체하려고 해도 건설 당시 들었던 돈의 몇 배나 들고 대량의 피폭을 피할 방법이 없다는 것을 알았다. 로봇으로 하면 된다고 하는 사람도 있지만, 로봇이 방사선에 의해 오작동을 일으켜 현재로는 사용할 수 없다.

원전은 물과 증기로 운전되기 때문에, 운전을 멈추고 그대로 두면 녹이 슬고 약해져서 구멍이 생겨 방사선이 누출된다. 따라서 원전은 가동하기 시작하면 방사선 덩어리가 되어, 정지하는 것도 폐로, 해체하는 것도 어렵다.

선진국에는 폐쇄한 원전이 많다. 폐쇄는 발전을 멈추고 핵연료를 뽑는 것이다. 그렇다고 해도 발전할 때처럼 물을 주입하고 가동시키지 않으면 안 된다. 물의 압력으로 배관이 얇아진다거나 부품 상태가 나빠진다거나 하기 때문에, 정기적으로 점검해서 방사성 물질이 밖으로 새어 나오지 않도록 해야 한다.

5년 전쯤 강연회에서 '방사성 쓰레기는 50년, 300년 동안 감시가 이어진다.'고 했더니, 어떤 여학생이 이렇게 말했다. '핵폐기물을 50년, 300년 감시할 거라고 하셨지만, 지금의 어른들이 하실 건가요? 그렇지는 않겠지요. 이후의 우리들 세대, 또 그다음 세대가 하는 것 아닌가요? 그렇지만, 저희는 싫어요.'라고. 하지만 그 아이에게 확실히 대답해 줄 수 있는 어른이 있을까?"

태양 에너지는 날마다 버려지고 있다

　해가 뜰 때부터 해가 질 때까지 지표면에 쏟아지는 에너지를 다 모을 수 있다면 세계 어느 나라에서도 에너지 부족 현상은 나타나지 않을 것이다. 왜냐하면 태양 에너지는 모두가 쓰고도 남을 만큼 충분하니까. 태양 에너지를 능가할 수 있는 에너지는 지구상에 없다. 태양은 날마다 전 인류가 사용하는 전력의 6000배를 지구에 보내고 있다. 하지만 인간의 기술이 부족하기 때문에 날마다 엄청난 양의 에너지를 버리고 있는 셈이다.

　태양 에너지에 대해서는 두 가지 시선이 있다. 먼저 찬성론자는 '그래! 이거야.' 하는 시선을 보낸다. 기술을 통해 석유보다도 더 소중한 자원으로 만들 수 있다는 주장이다. 하지만 반대론자는 고개를 젓는다. 실제로 태양 에너지는 경제성이 떨어진다. 지구촌이 화석 에너지 체제에서 태양 에너지 체제로 바꾸려면 그에 필요한 기반 시설을 건설하는 데 들어가는 비용이 화석 연료를 사용하는 것보다 많이 든다고 한다.

　태양 에너지를 활용하는 방법에는 두 가지가 있다. 하나는 둥그런 반사경이나 컴퓨터 유도 반사경에 햇빛을 모아 증기를 만드는 것이고, 다른 하나는 실리콘과 같은 반도체로 만든 태양 전지판을 이용해 햇빛을 바로 전력으로 바꾸는 것이다. 두 방법 중에는 앞의 방법이 더 효율적인데, 반사경을 설치하기 위해 엄청나게 넓은 땅이 필요하다는 게 문제이다. 뒤의 방법은 필요한 집의 지붕에 전지판을 설치하면 된다. 하지만 두 방법 모두 흐린 날에는 전력이 약해지고 밤에는 가동할 수 없다는 게 문제이다. 지금도 기술을 통해 개선되고 있지만 아직까지는 미흡하다.

　태양 에너지에 관심을 가지고 집중적으로 개발하려고 했던 것은 1970년대 미국이다. 1970년대에 일어났던 오일 쇼크(석유 파동)로 석유 가격이 하늘 높은 줄 모르고 치솟자 당시 미국의 카터 대통령이 정부 차원에서 재생 에너지를 개발하겠다고 했다. 특히 태양 에너지에 큰 관심을 보이며 백악관 지붕에 전지판을 달기도 했다. 하지만 기술력과 경제성 때문에 더 나아가지는 못하였고, 1980년대 들어 석유 가격이 크게 떨어지자 재생 에너지 개발 사업은 흐지부지됐다.

　앞으로는 어떨까? 찬성론자들은 지금 기술로도 미국 전체 면적의 0.3%만 태양 전지판으로 덮으면 전국에 전력을 공급할 수 있다고 주장한다. 또한 태양 에너지 생산 원가가 계속해서 줄어들고 있으니 기대해 볼 만하다.

태양광 발전 시설(스페인)

철은 왜 산업의 쌀이라 불릴까?

세계가 돌 도구의 시대를 지나 철 도구의 시대에 접어든 지 수천 년이 되었다. 그리고 오늘날은 자동차, 선박, 비행기, 자전거, 다리, 빌딩 등 철 없이는 살 수 없는 세상이 됐다.

쌀이 우리의 주식인 것처럼 산업에서는 반드시 철이 있어야 한다. 그래서 철을 '산업의 쌀'이라고 한다. 과거 세계적인 공업 지역을 보면 제철 산업과 관련이 깊다. 그런데 오늘날에는 철을 많이 만들던 공업 지역이 쇠퇴하고 있다. 이는 철의 중요성이 줄어들어서가 아니라 철을 녹이는 연료인 석탄이 고갈되면서 석유나 석탄을 수입하기 좋은 바닷가나 강가로 시설을 옮겨 갔기 때문이다.

철광석은 어디에 매장되어 있을까? 철광석은 아주 오래전에 만들어진 땅에서 주로 발견되는데, 가장 오래된 원시 대륙으로 불리는 순상지와 고기 습곡 산지 주변에 대규모로 매장되어 있다. 또 철광석은 국제적인 이동량이 많은 편이다.

철광석을 주로 수출하는 나라는 브라질과 오스트레일리아가 대표적이다. 특히 오스트레일리아는 자원이 풍부한데 인구는 적기 때문에 수출한다. 오스트레일리아 사람들은 투자를 할 때 자원과 관련된 기업이나 서비스업과 관련된 기업에 주로 투자한다고 한다. 반면 우리나라와 일본은 철이 별로 나지는 않으면서 산업에 많이 쓰이기 때문에 오스트레일리아나 브라질 등에서 대량으로 수입해서 쓴다.

구리는 어디에 쓰일까?

전선의 피복을 벗기면 붉게 빛나는 금속이 나타나는데, 그것이 바로 구리이다. 구리는 얇게 펴지거나 길게 늘어나는 성질이 뛰어나 다른 물건을 만들기가 쉽다. 그래서 구리는 철보다 먼저 자원이 되었다. 알지? 철기 시대 이전이 청동기 시대인 거.

구리의 쓰임새는 고대 유적지에서도 발견되고, 중세의 칼과 방패 등에서도 발견된다. 구리는 철이 주도권을 쥔 세상에서도 자신의 자리를 지켜 나갔다. 구리는 금, 은과 함께 오래전부터 메달, 동전과 같은 화폐를 만드는 데 쓰였다. 올림픽에서 3등인 동메달의 '동', '동전'의 '동'이 바로 구리 동(銅)이다. 구리는 열과 전기를 잘 전달하기 때문에 전선이나 열선의 재료로 많이 쓰인다. 또 구리로 만든 판은 열을 잘 전달하면서도 잘 부식되지 않기 때문에 냄비 같

추키카마타의 구리 광산(칠레)

은 그릇을 만드는 데 사용된다. 특히 오늘날에는 통신이 발달하면서 구리의 몸값이 날이 갈수록 높아져 '구리님'이 되고 있다. 구리는 아연을 첨가한 황동, 주석을 첨가한 청동, 주석과 알루미늄을 첨가한 알루미늄 청동 합금으로 많이 쓰인다.

그래서 구리 광산을 가진 나라들은 오늘날에도 열심히 구리를 캐고 있다. 2010년 칠레에서는 광산이 무너져 33명의 광부가 지하 600m에서 69일간이나 갇혀 있다가 기적처럼 모두 살아 나왔다. 그 많은 사람들을 지하로 내려가게 만든 것이 바로 구리이다. 우리에게 칠레는 세계에서 가장 긴 나라, 포도가 많이 생산되는 나라 정도로 알려져 있지만, 사실 칠레는 자원 부국이며 그중에서도 세계 제1의 구리 생산국이다.

옛날에 알루미늄이 정말 금보다 비쌌을까?

알루미늄 섀시, 알루미늄 캔, 알루미늄 야구 배트, 알루미늄 포일 등 알루미늄으로 만든 물건이 많다.

옛날에는 집을 지을 때 철로 창틀을 만들었는데, 이때 철이 녹스는 것을 막으려고 칠해 놓은 페인트가 벗겨져 흉한 몰골이 드러나는 경우가 많았다. 이렇게 철은 산화하지만 알루미늄은 표면이 '산화를 막는 막'으로 덮여 있어서 부식이 되지 않기 때문에 오랫동안 제 모습이 보존된다. 또 알루미늄은 다른 금속에 비해 가볍고 단단하다. 그래서 항공기, 자동차처럼 무거운 짐을 실어 나르는 운송 수

단에 많이 쓰인다.

금속은 순도가 높을수록 얇고 길게 만들 수 있다. 알루미늄 강판을 롤러 사이에 두고 힘을 가하면 알루미늄 포일이 만들어진다. 가정에서 음식을 포장하거나 요리할 때도 이 알루미늄 포일을 쓴다. 포일에 싸서 감자를 구우면 그냥 구울 때보다 수분이 보존되므로 퍽퍽하지도 않고 맛있다.

그런데 지금은 흔한 알루미늄이 옛날에는 그렇지 않았나 보다. 나폴레옹 3세 때 중요한 모임에서 나폴레옹 3세와 그날의 귀빈은 알루미늄 술잔과 접시를 사용하고 다른 손님들은 금이나 은으로 만든 식기를 썼다고 하니, 알루미늄이 매우 귀했음을 알 수 있다. 사실 알루미늄은 흔한 금속이지만 광석으로부터 순수한 알루미늄 금속을 얻는 과정이 어려워 귀하게 여겼던 것 같다.

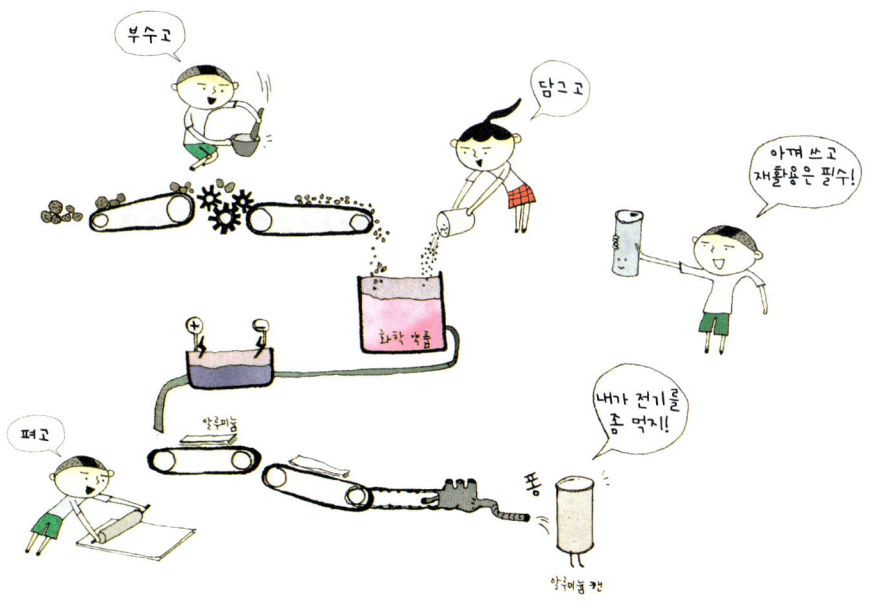

지금도 알루미늄을 만드는 것은 쉽지 않다. 알루미늄은 보크사이트를 빙정석과 함께 녹여서 얻는다. 이 과정에서 많은 전력이 필요하므로 전력이 부족한 나라는 알루미늄 산업이 발달하기 어렵다. 보크사이트는 주로 열대나 아열대 지역의 라테라이트 토양이 풍화되어 만들어진다. 보크사이트는 오스트레일리아가 약 35%를 생산하는 독보적인 나라이지만, 기니, 자메이카 같은 전력이 부족한 나라에도 많다. 반면 알루미늄의 생산은 중국, 러시아, 캐나다, 미국 등 전력이 풍부한 나라에서 주로 이루어진다.

> ★ **기후와 토양** : 기후는 식물뿐 아니라 토양과도 일촌이다. 기온과 강수량에 따라 토양의 성분이 달라져서 무더운 열대 지역에서는 라테라이트로 불리는 붉은색 토양, 온대 지역에서는 색깔이 약간 흐려진 갈색토, 추운 냉대 기후에서는 포드졸로 불리는 회백색 토양이 널려 있다.

리튬이 왜 주목을 받을까?

리튬은 아직까지 모르는 사람이 많은 자원이다. 그도 그럴 것이 과거에는 주로 신경 안정제, 수소 폭탄, 도자기 유리나 항공기 엔진 등 일반인이 잘 모르는 곳에 제한적으로 사용되었기 때문이다. 하지만 세계가 정보화 사회, 기술 지식 사회로 바뀌면서 리튬은 우리 생활 깊숙이 들어오고 있다. 바로 핸드폰, 노트북 등에 사용하는 재충전 배터리의 약 25%가 리튬 전지이다.

또 리튬 전지는 하이브리드 자동차나 전기 자동차의 핵심 부품이다. 리튬 전지는 리튬으로 배터리의 양극을 만드는데, 가벼우면서도 속도가 빠르고 에너지 효율이 높다. 리튬은 백색 황금으로 불리며 2020년에 시장 규모가 3000조 원을 넘어설 것으로 예상된다.

이 좋은 리튬을 어디 가야 만날 수 있을까? 리튬은 비싼 몸값만큼 까다롭다. 매장량이 많지 않고, 매장 지역도 아주 좁다. 세계 리튬 매장량의 4분의 3이 '리튬 트라이앵글'(볼리비아, 아르헨티나, 칠레)에 있고, 나머지도 중국, 미국 등 일부 국가에만 한정돼 있다. 특히 최대 매장 지역으로 알려진 볼리비아의 우유니 사막의 소금물에 세계 전체 리튬의 절반이 들어 있다.

하지만 볼리비아는 높은 순도의 리튬을 생산할 수 있는 기술력이 없다. 그래서 2010년 우리나라가 순도 높은 리튬을 추출할 수 있는 독자적인 기술을 개발해 볼리비아와 리튬 개발을 같이하기로 약속했다. 프랑스, 미국, 일본 등도 오래전부터 리튬을 확보하기 위한 사업을 진행하고 있었다. 특히 전기 자동차 산업에 열을 올리고 있는 일본은 자본력과 기술을 앞세워 발빠르게 움직이고 있다.

열대의 밀림에 사는 사람들의 식량 자원은?

밀림 속에서 사는 사람들은 동물을 사냥하거나 곤충을 잡아먹고, 식물의 열매나 뿌리 같은 것을 먹고살았다. 열매 중에는 먹으면 죽을 수도 있는 독성이 있는 것도 있다. 하지만 이곳 사람들은 조상으로부터 어떤 것을 먹어야 되는지 배웠기 때문에 너무 걱정하지 않아도 된다.

밀림은 비가 많은데, 토양이 가지고 있는 여러 영양분을 빗물이 씻어 버리기 때문에 척박하고 붉은색을 띤다. 토양이 붉은 것은 물에 씻기지 않고 땅에 남아 있던 철이나 알루미늄 같은 광물이 공기 중의 산소와 만나서 철이 녹스는 것처럼 토양을 붉은색으로 변화시켰기 때문이다. 아무튼 이곳의 붉은 토양은 농사짓기에 불리하다. 그러나 이 붉은 흙을 잘 빚어 말리면 단단한 벽돌이 되어 건물

캄보디아 앙코르 와트를 지을 때 쓴 붉은 흙 벽돌

을 짓는 데 쓸 수 있다. 세계적인 힌두 사원인 캄보디아의 앙코르 와트도 바로 그 벽돌로 지은 건물이다.

토양이 척박해도 농사를 짓긴 짓는다. 하지만 정착해서 오래 한 곳에서 농사를 짓는 게 아니라 옮겨 다니며 농사를 짓는다. 농지는 나무를 베어 내고, 숲과 풀밭에 불을 질러서 만든다. 거기에 주식인 카사바, 얌 따위를 심고 가축을 키운다. 카사바는 우리나라의 고구마와 비슷하고 얌은 마와 비슷한데, 이것들을 잘게 부수어 가루로 만들어 음식을 해 먹는다. 이곳 농산물은 농약 걱정도 안 해도 되고, 유전자 조작 걱정도 안 해도 된다.

이렇게 4, 5년 동안 계속 경작을 하면 농토는 다시 척박한 땅으로 변한다. 그러면 사람들은 어쩔 수 없이 농경지를 버리고 떠나야 한다. 하지만 어느 곳에도 그들을 기다리는 넓고 비옥한 농토는 없다. 그들은 또다시 숲에 불을 지르고 새로운 농토를 만든다. 그리고 4, 5년이 지나면 또 다른 곳으로 이동한다. 이때 정든 농토를 나무나 풀로 덮어 주고 떠난다. 그러면 시간이 지난 다음 다시 이곳은

카사바와 얌

풀과 나무가 무성한 곳으로 바뀔 것이다. 하지만 그냥 버려 두고 떠나면 그 땅은 금방 못 쓰는 사막과 같은 땅으로 바뀔 수도 있다.

세계에서 가장 많은 사람들이 먹는 식량 자원은?

세계에서 가장 많은 사람들이 먹는 식량은 쌀이다. 중국을 비롯해 인구가 많은 동부 아시아와 동남아시아의 대부분 국가들이 쌀을 주식으로 한다. 쌀은 영양가가 높고 맛이 좋으며, 떡이나 과자로 만들어 먹을 수도 있다.

쌀이 처음 어디에서부터 재배되었는지에 대해서는 중국이다, 인도다, 동남아시아다 등 주장이 분분하다. 하지만 여름에 뜨겁고 비가 많은 몬순아시아가 쌀의 원산지라는 사실에는 모두 동의하는 것 같다.

벼는 기르는 방식에 따라 논벼와 밭벼로 나뉜다. 논벼는 물을 댄 논에서 자라는 벼이며, 밭벼는 물을 대지 않은 밭에서 잘 자라는 벼이다. 처음에는 논벼와 밭벼를 구분하지 않았다. 밭벼는 밭에서 긴 시간을 적응했기 때문에 뿌리가 물을 빨아들이는 힘이 탁월하여 논벼에 비해 가뭄에 강하다. 밭벼의 잎은 두껍고 크며 뿌리가 굵고 깊이 뻗어 내린다.

그런가 하면, 논은 수로 낮은 곳에 있기 때문에 밭이나 산을 거쳐 흘러오는 물을 받아 농사를 짓는다. 이 물에는 여러 가지 양분이 들어 있기 때문에 논벼에는 거름을 덜 주더라도 농사가 잘된다.

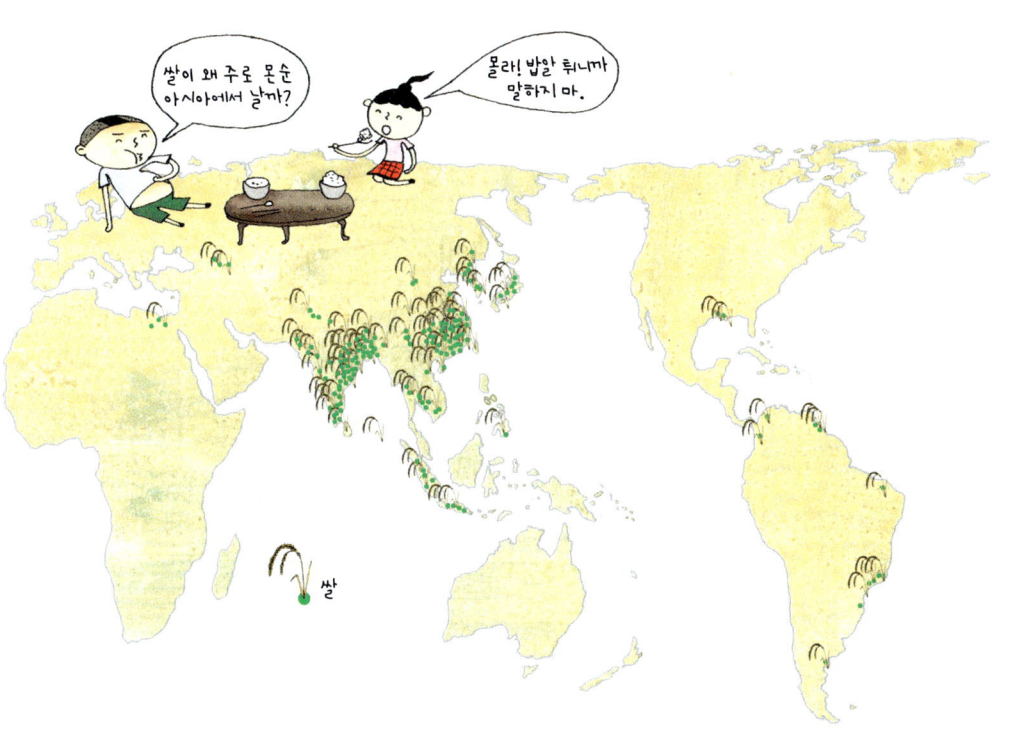

그래서 논벼를 주로 재배하는 동남아시아 농촌에는 밥을 굶는 이들이 적다. 이는 비료가 부족한 경우, 논벼의 수확량이 밭에서 나는 다른 곡물의 수확량보다 많기 때문이다. 또 논벼는 물에 잠겨 있는 기간이 길어 밭벼에 비해 잡초의 종류가 적다. 논벼의 장점은 이뿐만이 아니다.

논은 둑 높이가 약 30cm인 저수지와 같은 곳이기 때문에 많은 양의 물을 담을 수 있어 홍수를 조절한다. 논을 통해 땅으로 스며드는 물의 양은 우리나라의 경우 국민이 1년간 사용하는 수돗물의 약 2.7배나 된다고 한다. 이 밖에도 논은 토양 유실을 막고, 벼가 탄소 동화 작용을 하여 대기를 맑게 한다.

세계에서 가장 많은 나라가 먹는 식량 자원은?

세계 2대 작물은 무엇일까? 쌀과 밀이다. 여기에 옥수수까지 합쳐 3대 작물이라 일컫지만 옥수수가 주식인 곳은 밀이 주식인 곳에 비하면 훨씬 적다. 밀은 쌀이 주식인 아시아 지역에서는 보조 식량이지만 유럽이나 아메리카 지역에서는 주식이다.

밀은 그냥 먹기에는 맛이 없어서 주로 가루를 내어 국수, 빵 등을 만들어 먹는다. 또 밀은 간장과 된장의 원료나 사료로 쓰이기도 하며, 밀짚은 질기기 때문에 밀짚모자 같은 생활용품을 만들기에 좋다.

밀은 아시아의 건조 기후 지역인 아프가니스탄이 원산지로 알려져 있다. 밀이 재배되기 시작한 것은 기원전 1만 년에서 1만 5000년경이라고 하니 정말 오래되었다. 16세기 이후에 유럽의 밀이 농업 기술, 기계와 함께 아메리카 대륙으로 전파되었고, 18세기에는 오스트레일리아에서도 밀이 재배되기 시작하였다.

밀은 온화한 기후에서도 잘 자라지만, 기온이 10°C 안팎으로 낮은 곳이나 강수량이 300~500mm 정도인 곳에서도 자란다. 쌀은 재배 조건이 까다롭지만 밀은 그렇지 않다. 성격 좋은 사람이 친구가 많듯 밀은 전 세계적으로 재배되는 곳이 매우 넓다.

건조한 초원 지역도 강수량이 250~500mm 정도밖에 안 되어 농사짓기 어려울 것 같지만 추위와 건조한 기후에 잘 견디는 밀과는 잘 맞는다. 더욱이 추위와 건조한 기후에 잘 견디는 새로운 품종이 개발됨에 따라 북위 60° 지역에서도 재배되고, 해발고도 3000m 이상인 지역에서도 재배된다.

세계에는 인구로 보면 쌀을 먹는 나라가 많지만, 나

밀한테 배워!
생존 전략을…

밀

라 수로 보면 밀을 먹는 나라가 많다. 먼저 유럽에 오밀조밀 모여 있는 수십 개의 나라들이 대부분 밀이 주식이고, 아메리카, 오세아니아, 아프리카에도 밀을 주식으로 하는 나라가 많다. 또 모두가 쌀을 먹을 것 같은 아시아에도 벼농사가 어려운 곳에서는 밀이 주식이다.

대표적인 밀 생산국은 중국, 인도, 캐나다, 미국, 오스트레일리아, 아르헨티나, 프랑스 등인데, 이 중 중국, 인도는 소비가 많아서 밀을 수출하기 어렵고, 남반구에 있는 아르헨티나와 오스트레일리아는 생산 시기가 북반구와 다르기 때문에 좋은 가격을 받는다. 오늘날 밀의 이동을 보면, 미국, 캐나다, 아르헨티나, 오스트레일리아 등 신대륙 지역에서 유럽과 아시아의 구대륙 지역으로 수출되고 있다.

옥수수는 식량일까, 에너지일까?

옥수수는 유럽과 미국에서는 주로 가축에게 먹이는 사료 작물이지만, 아시아와 아프리카에서는 사람들이 먹는 식량이다. 옥수수는 단백질이 적기 때문에 주식으로 하려면 밭의 고기로 알려진 콩과 섞어 먹거나 우유, 고기, 달걀과 함께 먹는 것이 좋다.

옥수수는 쌀이나 밀처럼 과자, 빵, 죽, 풀, 술 등을 만드는 데도 쓰인다. 옥수수 잎과 줄기, 옥수수자루, 수염 등은 펄프, 화약 원료, 건축 재료, 방석, 짚신, 의약 원료(옥수수 수염은 심장병 약의 원료),

코르크 대용으로 쓰인다. 옥수수 알맹이만 쏙 빼 먹고 나면 버리는 것인 줄 알았던 옥수수가 버릴 게 하나도 없는 것 같다.

선사 시대 아메리카 원주민들은 멕시코가 원산지인 한 야생 식물을 옥수수로 개량했다. 그들의 고대 문명은 옥수수를 밑바탕으로 발전했다. 옥수수가 쑥쑥 자라듯 그들의 문명도 발전해 갔다. 심지어 마야인은 인류가 옥수수에서 생겨났다고 믿었다. 옥수수는 척박한 땅에서도 생존력이 뛰어나며, 수천 가지 변종이 있지만 대부분 120일 이내에 수확할 수 있다. 한편, 옥수수가 아메리카를 벗어나 유럽에 알려진 것은 15세기 말 콜럼버스에 의해서였다.

옥수수에 관한 한 미국을 빼놓고 말하기는 힘들다. 왜냐하면 미국은 세계 최대의 옥수수 생산국이자 수출국이기 때문이다. 대표적인 사료 작물인 옥수수의 주요 생산지는 5대호 남서부 지방이며, 사료 작물의 수요가 늘면서 옥수수의 재배 면적도 크게 늘어났다. 미국의 옥수수 지대는 옥수수나 콩을 소와 함께 키우는 혼합 농업 지역으로 발전하고 있다. 우리나라에 들어오는 쇠고기도 이곳에서 키워진 것이 많다.

한편 오늘날 옥수수는 식품이나 사료에 그치지 않고 바이오 연료의 생산에서 중요한 부분을 차지한다. 미국과 브라질에서는 옥수수에서 추출한 알코올을 휘발유에 첨가해 연비를 높이고 있다.

올리브는 지중해의 건강 자원?

올리브 열매는 달걀 프라이를 할 때 달걀이 달라붙지 않도록 프라이팬에 두르는 올리브유의 원료이며, 피자와 함께 먹는 피클을 만드는 데도 쓰인다. 또 올리브 잎은 비둘기와 함께 평화와 안전의 상징이다. 성경에는 "비둘기가 저녁 무렵 돌아왔는데 금방 딴 올리브 이파리를 부리에 물고 있었다. 그것을 보고 노아는 물이 줄었다는 것을 알았다."라는 기록이 있다.

올리브는 지중해 지역이 원산지이고, 아직도 지중해 지역의 에스파냐, 이탈리아 등은 세계적인 올리브 생산국이다. 올리브는 잎이 작고 단단한데, 이는 지중해 지역이 여름이 덥고 건조하기 때문이다. 가물고 뜨거운 여름을 견디고 살아남을 수 있게 진화한 것이다.

올리브와 올리브 열매(이스라엘)

　올리브는 지중해식 농업의 대표적인 작물이다.
올리브는 맛과 향이 뛰어날 뿐 아니라, 암과 심장병을 억제하는 비타민 E와 폴리페놀, 그리고 콜레스테롤의 수치를 낮추는 불포화 지방산이 들어 있다. 요즘은 올리브의 좋은 점이 많이 알려져 우리나라에서도 올리브 열매와 올리브유의 수입이 급증하고 있다.

초콜릿의 원료는 무엇일까?

　밸런타인데이 때는 좋아하는 마음을 고백하고 확인하기 위해 많은 사람들이 초콜릿을 산다. 그런데 맛도 좋고 주고받는 뜻도 좋은 초콜릿의 원료를 물어보면 생각보다 모르는 학생이 많다. 검정콩일까? 사탕수수일까? 땡! 초콜릿의 원료는 카카오 열매이다. 카카오 열매를 볶아서 껍질을 벗긴 다음 설탕, 우유 등을 섞어서 만든 것이 바로 초콜릿이다.

카카오의 원산지는 라틴아메리카 멕시코의 무더운 지역이며, 이곳에서는 카카오가 주로 음료수나 약을 만드는 데 쓰였다. 카카오는 화폐로 이용되기도 할 만큼 귀한 열매로, '신의 음식'으로 일컬어졌다. 카카오 나무는 보통 키가 5~10m 정도로 2~3층 건물 높이이며, 어떤 것은 수십 m가 넘는 것도 있다.

초콜릿은 아무 슈퍼마켓이나 가면 팔지만 카카오나무는 아무 곳에서나 자라지 않는다. 카카오나무는 일 년 내내 따뜻한 온도가 유지되어야 하고, 습한 것을 좋아해서 비가 잦은 곳이 재배하기에 알맞다. 카카오나무는 보통 심은 지 3~5년이 지나면 열매를 맺기 시작해서 70년 동안 열매를 맺지만, 좋은 품질을 유지하기 위해 보통 25년 정도가 지나면 새 나무를 심는다.

한 가지 궁금한 게 있다. 자판기에서 파는 코코아라는 음료가 있는데 코코아와 카카오는 무슨 관계일까? 16세기 초 에스파냐의 탐험가들이 멕시코의 아스텍 왕국을 정복했을 때, 그곳 사람들이 카

카카오 열매

카오 콩에 옥수수, 후추를 첨가하여 끓인 '초코랄'이라는 음료를 만들어 마시는 걸 보았다. 아스텍족은 초코랄이 몸을 튼튼하게 하고 병도 안 걸리게 해 준다고 믿었다. 그걸 본 에스파냐 사람들도 초코랄에 후추 대신 설탕을 첨가하여 마셨고, 이를 '초코라테'라 했다. 이것이 영어의 '초콜

릿'이 된 것이다. 초콜릿 하면 딱딱한 '판 초콜릿'을 생각하지만 본래 초콜릿은 마시는 음료수였다. 17세기 영국의 런던에 '초콜릿 하우스'가 생겼을 때도 초콜릿은 음료로 팔렸다. 그러니까 카카오로 만든 음료가 초콜릿이었고 요즘의 코코아와 같은 것이었다. 그리고 카카오나 코코아는 같은 말인데, 카카오는 에스파냐어이고 코코아는 영어이다.

쓰디쓴 초콜릿이 있다?

초콜릿 하면 우리나라 사람들은 흔히 아프리카의 '가나'를 떠올린다. 아마 초콜릿 제품 이름 때문인 것 같다. 그런데 가나는 세계 2위의 카카오 수출국이고, 세계 1위의 카카오 수출국은 카카오가 전체 무역량의 약 70%를 차지하는 코트디부아르이다. 가나 바로 옆에 있는 나라 코트디부아르는 세계 카카오의 절반을 생산하고,

공정무역 초콜릿이라 맛도 더 좋은 것 같아.

으이구~ 욕심쟁이! 너나 좀 공정하게 나눠 먹지 그래??

외화 수입의 90%를 카카오에서 얻는다.

하지만 코트디부아르에서 카카오 생산에 쓰이는 노동력은 대부분 18세 이하의 아이들이다. 이 아이들이 약 60만 개의 농장에서 하루에 12시간 이상 일하고 있다. 우리는 슈퍼마켓에서 비싸게 초콜릿을 사 먹지만 대부분의 이익은 거대한 기업들이 먹는다. 마음이 참 아프다. 하루빨리 이들이 정당한 대가를 받을 수 있는 공정 무역이 자리 잡기를 기대한다. 또 가난한 아이들이 학교로 돌아가 미래를 준비할 수 있는 날이 왔으면 좋겠다.

커피는 왜 슬픈 열매일까?

커피는 열매를 수확하기 전에는 뜨겁고 비가 많이 오며 수확기에는 뜨겁고 비가 오지 않는 지역이 재배에 유리하다. 하지만 커피가 열대 지역에서만 재배되는 것은 아니다. 예를 들어 세계 생산량의 70%를 차지하는 '아라비카'는 열대 고지대에서도 생산할 수 있다. 그리고 커피의 원산지로 알려진 곳도 바로 에티오피아의 고원지역이다.

약 1000년 전 아프리카 에티오피아에서 어떤 목동이 염소들이 커피 열매를 먹고 흥분하는 것을 신기하게 여겼다. 호기심 많은 목동은 심심하던 차에 그 열매를 씹어 보았는데 기분이 좋아지고, 나른한 오후에도 졸리지 않았다. 커피에는 일반 차보다 5배가 넘는 카페인이 들어 있기 때문이다. 이렇게 해서 커피는 정신을 깨우는

커피 열매

열매로 알려졌다. 커피는 아프리카에서는 음료수나 식량이 되었고, 아라비아 사람들은 커피콩을 이용해 수프를 만들어 먹었다.

다시 수백 년이 지난 후 유럽 상인들이 아프리카에 들어와 커피 맛을 보고, 이것을 상품으로 개발해 유럽에서 팔면 큰돈을 벌 것이라고 생각했다. 그렇게 해서 커피는 유럽으로 들어왔고, 다시 아메리카와 동남아시아에까지 전파되었다. 흥미롭게도 오늘날에는 아프리카가 아니라 아메리카 대륙에 있는 브라질과 콜롬비아, 아시아에 있는 베트남이 세계적인 커피 생산국이다.

오늘날 커피는 석유 다음으로 무역액이 크다. 그런데 이상하게도 커피콩을 따는 아프리카, 아시아, 라틴아메리카의 노동자들은 가난을 면치 못하고 있다. 왜 그럴까? 아침부터 늦은 저녁까지 커피 열매를 따는 사람들이 받는 돈보다 기업의 가공비, 광고비, 이윤 등이 훨씬 더 많이 차지하기 때문이다. 런던, 뉴욕 등의 커피숍에서는 커피값이 올라도 아프리카 노동자의 임금은 오르지 않는다.

이런 불공정한 거래는 커피뿐만 아니라 대부분의 플랜테이션

작물에서 나타난다. 1989년 세계커피기구(ICO, International Coffee Organization)가 조직되었지만 아직 문제를 해결하지 못하고 있다. 오히려 1990년대 들어 커피 재배 면적이 다른 지역으로 확대되면서 커피콩의 가격이 급락하였을 때도 선진국의 기업들은 더 많은 돈을 벌었다.

플랜테이션

플랜테이션이란 서구 유럽과 미국 등이 해외 식민지에 진출하여 그 지역에 발달한 열대성 작물을 단일 재배하게끔 만든 대농원을 말하며 '재식 농업'이라고도 한다. 주로 열대 · 아열대 지역에서 서구 식민지 본국의 자본과 기술이 현지의 노동력과 토지를 이용하여 만들며 세계 시장을 상대로 한다.

초기에는 브라질, 북아메리카 남부, 서인도 제도 등에서 사탕수수와 잎담배의 단일 재배를 행하였다.

19세기 중엽부터 동남아시아, 남부 아시아, 오세아니아, 아프리카, 서인도 제도에 새로운 플랜테이션이 형성되었고, 말레이시아 · 인도네시아의 고무, 브라질의 커피, 인도 · 스리랑카의 차, 서아프리카의 카카오 등이 발달하였다. 플랜테이션은 제2차 세계대전까지 번영하였는데, 전후에 식민지가 독립하면서 쿠바나 인도네시아 등에서는 플랜테이션의 국유화가 강행되었다.

5

세계의
문화 이야기

왜 서로 다른 문화를 존중해야 할까?

침팬지 학자에 의하면 침팬지도 사는 곳에 따라 다른 생활방식을 가지고 있다고 한다. 실제로 아프리카 열 곳의 침팬지를 관찰했더니 네 곳의 침팬지는 나뭇가지를 이용해 흰개미 낚시를 했지만 다른 지역의 침팬지에게서는 그런 모습이 나타나지 않았다. 또 대부분의 침팬지가 물에 들어가기를 싫어하는데 세 곳의 침팬지는 물속에 들어갔다. 물론 물 가까이에 사는 침팬지 무리였다. 보통 침팬지는 상대의 관심을 받고 싶을 때 나뭇잎 뜯는 행위를 하는데, 이런 모습도 여섯 곳의 침팬지에게서만 나타났다. 인간의 문화도 그렇다. 다 똑같지는 않다.

문화가 지역마다 다르게 나타나는 것은 바로 문화가 지리적이기 때문이다. 교과서에는 "문화란 언어, 종교, 의식주 양식, 풍속 등으로 이루어진 하나의 생활양식"이라고 되어 있다. 곧, 어떤 지역의 독특한 환경에서 그곳 사람들이 적응하면서 사는 과정이 문화이다. 세계 곳곳이 기후, 지형, 민족 등 다양한 환경을 가진 곳이니 얼마나 많은 문화가 만들어지겠는가?

강가나 바닷가에서는 '어로 문화'가 발달할 것이고, 채집이 쉬운 곳에서는 '채집 문화'가 발달할 것이다. 또, 각 지역의 문화는 내가 부모님에게 물려받은 피부색처럼 그들의 조상으로부터 물려받은 유산이다. 만약 어머니가 물려준 금반지를 보고 누군가가 보잘것없다고 비아냥댄다면 기분이 어떨까? 별로 좋지 않을 것이다. 물속에 들어가는 침팬지와 그렇지 않은 침팬지, 나뭇잎을 뜯는 침팬지와 그렇지 않은 침팬지를 우열로 가릴 수는 없는 것이 아닐까?

한 남자와 여러 여자가 결혼하는 곳은 어딜까?

　세계에는 여러 형태의 결혼 제도가 있다. 가장 흔한 결혼 제도는 일부일처제이다. 우리나라를 비롯해 많은 나라가 남편과 부인이 일 대일로 결혼하는 일부일처제를 따르고 있다. 유럽, 북아메리카, 아 시아 등의 근대화된 나라들이 주로 일부일처제를 따르고 있지만, 수렵이나 채집을 하는 지역에서도 일부일처제를 따르는 곳이 있다. 얼핏 생각하면 극소수를 빼고는 모두가 일부일처제로 결혼할 것 같지만 실제로는 세계 전체 혼인 수 중 50%가 안 된다.

　한편, 중앙아프리카나 남부 아프리카의 남자 중 10%는 아내가 여러 명이다. 일부다처제라는 결혼 제도를 택한 것이다. 특히 아프 리카의 나이지리아, 카메룬, 마다가스카르 등은 일부 다처제로 유명하다. 여자들 은 기분 나빠 할지 모르 겠지만 일부다처제는 이 슬람교를 믿는 사람들에 게만 있는 결혼 제도가 아 니라, 실제로 서남아시아, 인 도 일부, 멜라네시아, 중국 일부, 폴리네시아, 남·북아메리카 원주민

일부다처인 말레이시아의 무슬림 부부

지역 등 세계적으로 넓게 퍼져 있는 제도이다. 일부다처제는 주로 수렵·채집 단계보다는 발전된 자급적인 농사를 짓는 곳에서 잘 나타난다. 그도 그럴 것이 수렵이나 채집을 해서 많은 아내와 아이들을 먹여

살릴 수가 없겠지. 또 농사를 짓는 데는 더 많은 노동력이 필요하니까 아내가 여럿이면 아이들을 많이 낳아 노동력을 더 보탤 수 있다. 그렇기 때문에 세계 곳곳에 일부다처제가 남아 있는 것이다.

한 여자와 여러 남자가 결혼하는 곳이 있을까?

지구가 얼마나 넓은데 뭔들 없겠는가? 한 여자와 여러 남자가 결혼하는 일처다부제도 있다. 물론 다른 결혼 제도에 비해 이를 따르는 사람들은 훨씬 적지만, 아프리카 일부, 북아메리카 원주민의 일부, 인도차이나 일부, 인도 일부, 티베트 지역 등에서 나타난다. 특히 인도 북부, 네팔, 티베트의 일처다부제는 유명하다. 이곳의 다부는 실제로는 서로 형제인 경우가 많다. 즉, 3형제나 4형제가 한 여자에게 장가를 가는 것이다. 왜 그럴까? 그 여자가 너무 좋아서 그럴까? 뭐 결혼이라는 것이 좋아야 하는 것이니까 싫지는 않겠지만 그게 다는 아니다.

인도 북부, 네팔, 티베트의 공통점을 생각해 보자. 그래! 모두 산악 지역이다. 산악 지역은 경지가 좁기 때문에 많은 사람들이 살기도 어렵고, 심한 경우에는 하나의 가정을 꾸리기도 쉽지 않다. 여러 형제들

일처다부제 사회의 가족(네팔)

이 한 여자와 결혼하는 것은 좁은 경지가 큰 원인이다. 그렇게 하면 좁은 경지를 나눌 필요도 없고, 오랜 세월 동안 함께 땅을 유지하며 생활할 수 있기 때문이다. 역시 어디를 가나 먹고사는 문제가 중요한 것 같다. 이런 가정의 경우 아이마다 아버지가 누구인지 정확히 알기는 어렵지만, 가정에서 생기는 문제나 결정할 일이 있으면 큰형에게 우선권을 주어 평화를 유지한다고 한다. 사람들이 살아가는 지혜는 정말 여러 가지이다.

노는 것을 보면 그 지역의 문화를 알 수 있다?

각 지역의 사람들이 고유한 방식으로 노는 것을 좀 유식한 말로 민속놀이라고 한다. 민속놀이는 오랜 세월 동안 아버지의 아버지의 아버지 대로부터 내려온 놀이이다. 사람들은 민속놀이를 하면서 짧은 시간이지만 힘든 노동에서 벗어나 즐거움을 만끽한다. 그런데 지역마다 사람들이 노는 게 좀 다르다. 그리고 가만히 보면 그 놀

이는 그 지역에서 주로 믿는 종교 또는 주민들이 종사하고 있는 직업 등에서 비롯되고 있음을 알 수 있다.

아시아의 미얀마에는 '팅얀'이란 축제가 있다. 북을 치며 절로 가서 부처님 동상을 물로 닦아 주고, 집에서는 몸에 물을 끼얹으며 논다. 이는 물에 대해 감사하는 마음을 표현하는 축제이다. 미얀마 옆에 있는 나라 태국에서도 우기에 등불을 강에 띄우며 논다. 이 역시 물에 대한 감사 축제이다. 미얀마나 태국은 벼농사를 많이 짓는 곳이니 비가 큰 관심거리가 될 수밖에 없다.

아시아의 파키스탄에서는 '이드알피트르'라는 축제를 한다. 무슬림인 이들은 라마단 마지막 날에 달맞이를 하며 손뼉 치고 노래

팅얀 축제(미얀마)

부르며 논다. 역시 무슬림 국가인 인도네시아에서도 '레바란'이라고 해서 비슷한 축제가 있다. 이는 '단식이 끝났음을 함께 즐거워하자.'는 의미이다.

화훼 농업의 나라 네덜란드에서는 봄에 튤립 축제를 열어 발전과 수확의 기쁨을 표현한다. 알프스의 나라 스위스에서는 '요들' 노래 부르기 축제가 유명한데, 이는 산지에서 목동들이 가축을 부르는 소리에서 시작된 것이다. 또 미국 서부에서는 아직 길들여지지 않은 소나 말 타기가 유명하다. '로데오'로 잘 알려진 이 놀이는 이리저리 날뛰는 소나 말의 등에 타고 오래 견디기 시합을 하는 것이다. 이것은 미국 서부의 목축 지대에서 여가를 활용하여 만든 놀이에서 비롯되었다. 또 미국의 삼림 지역에서는 통나무 자르기 시합을 하며 논다. 직업으로 나무를 베고 실어 내야 했던 나무꾼들이 베어낸 통나무들을 땅 위에 괴어 놓고 도끼로 누가 먼저 모두 절단하는지를 시합하는 것이다.

네덜란드 사람들의 튤립 사랑

17세기 초 네덜란드에서는 무역으로 큰돈을 번 부자들이 이를 과시하기 위해 귀한 튤립을 사들였다. 한 뿌리의 가격이 가장 비쌀 때는 지금 돈으로 1억 3000만 원까지 갔다고 한다. 오늘날에도 네덜란드에서는 튤립 축제가 매년 열리고 있다.

어떻게 사막에서 벼농사가 뿌리를 내렸을까?

건조한 땅인 카자흐스탄이나 우즈베키스탄에서도 벼농사가 이루어지는 곳을 볼 수가 있다. 벼라는 작물은 본래 뜨거운 햇살과 물을 많이 먹어야 잘 자란다. 그런데 비가 거의 내리지 않는 사막에서 도대체 누가 벼농사를 지을 생각을 했을까?

바로 우리 민족인 고려인이었다. 고려인은 본래 벼농사를 짓던 사람들이었기 때문에 사막에서도 조상으로부터 물려받은 벼농사를 지을 생각을 했다.

쌀은 우리 문화를 대표한다. 아기의 돌상, 결혼식의 초례상에도

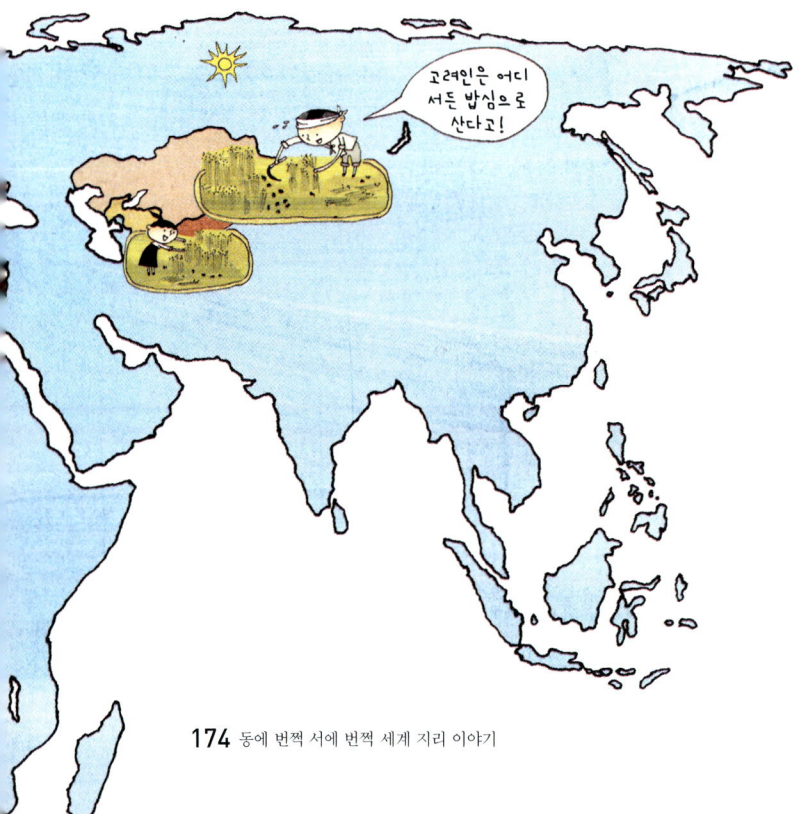

흰 쌀을 올리고 조상이나 마을신의 제사에 생쌀과 쌀로 만든 음식이 제물로 오른다. 이런 쌀을 얻기 위해 이들은 주변의 강에서 물을 끌어다가 사막을 농토로 바꾸었다.

고려인이 중앙아시아로 가게 된 데는 사연이 있다. 19세기 말에서 20세기 초 이미 우리 민족은 중국 땅과 러시아 땅이었던 만주와 연해주로 이주하여 기온이 낮은 불리한 기후 조건을 극복하고 벼농사를 짓고 있었다.

그런데 1937년 늦은 가을, 소련의 군인들이 우리나라의 북부 지방에서 가까운 자신들의 땅에 살던 고려인들을 기차역으로 모았다. 이때 모인 고려인들은 어디로 가는지, 왜 가는지도 모른 채 한 달여에 걸쳐 8000km를 가야 했다. 그건 소련의 권력자 스탈린의 명령으로 시작된 일이었다. 당시 일본, 독일과 적대 관계였던 소련은, 일본의 통치를 받는 식민지 민족이며 민족주의가 강한 한인들을 그대로 둘 경우 자기네 국토를 지키기가 어려울 수도 있다는 생각을 하였다. 또한 중앙아시아 사막을 개발하려면 노동력이 필요하기도 했다. 이런 이유로 변방 지대에서 한국인들을 강제로 이동시키고 러시아인들로 그 자리를 채우려 했다.

스탈린은 강제 이주를 합리화하기 위해 식량이 부족했던 중앙아시아에 벼농사를 퍼뜨린다는 핑계를 댔다. 강제 이주의 고통 속에서 쌀은 한인의 문화적 특성을 나타냄과 함께 결속력을 다져 주는 역할을 했다. 벼농사는 그 주변 타민족에게도 전파되었다.

중앙아시아

중앙아시아에는 카자흐스탄, 우즈베키스탄, 타지키스탄, 키르기스스탄, 투르크메니스탄이 있다. 이들 나라는 건조하고 척박한 땅에 있는 이슬람 국가이며, '스탄'(땅이라는 뜻)으로 끝나는 나라 이름을 가지고 있다. 이들 나라의 공통점은 또 있다. 1990년 이전에 미국의 강력한 라이벌 국가였던 소련의 지배를 받고 있다가 소련이 붕괴되면서 분리 독립한 나라들이라는 것이다.

세계 대부분 사람들이 영어를 쓸까?

영어로는 '헬로'

중국어로는 '니하오'

일본어로는 '곤니치와'

힌두어로는 '나마스테'

독일어로는 '구텐 탁'

프랑스어로는 '봉 주르'

포르투갈어로는 '보아 타르지'

에스파냐어로는 '부에노스 디아스'

앞의 여러 나라 말은 모두 '안녕하세요'라는 뜻이다. 이 중 우리나라 사람에게 가장 익숙한 말은 영어 '헬로'이다. 영어는 오늘날 지구상에서 가장 중요한 언어로 자리를 잡았다. 실제로 많은 사람들이 영어를 잘하기 위해서 열심히 공부한다. 요즘은 유학 가지 않아도 영어를 잘하는 스타 강사와 재밌는 영어책을 쓴 작가도 심심

찾게 볼 수 있다. 특히 우리나라는 영어를 지나치게 강조해서 '영어 어린이집'이나 '영어 유치원'은 들어갈 자리가 없을 정도라고 한다.

영어는 유럽 대륙에 있던 앵글로·색슨족들이 지금의 영국으로 이주해 오면서 발달하게 된 언어이다. 오늘날 캐나다와 미국을 합쳐 '앵글로아메리카'라고 하는 것도 바로 앵글로·색슨족이 개척한 땅이라는 뜻이다.

영어는 영국의 말을 뜻한다. 그럼 영국이 있는 유럽에서 영어를 쓰는 나라는 얼마나 될까? 놀라지 마시라. 유럽에서 영어를 쓰는 나라는 영국뿐이다. 여행을 가 보면 알겠지만 체코, 오스트리아, 폴란드, 헝가리 사람들은 모두 영어를 쓰지 않는다. 세계에서 영국 말고 영어를 쓰는 나라는 캐나다, 미국, 오스트레일리아, 필리핀, 그리고 남아프리카 공화국을 포함한 아프리카 몇몇 나라와 태평양의 여러 섬나라를 합쳐 약 50여 나라 정도이다. 이들 나라들은 대부분 영국의 식민지였다. 한때 영국이 지배했던 인도도 자신들의 언어를 쓰지만 영어에도 능통하다.

그러면 세계에서 가장 많은 사람들이 쓰는 언어는 뭘까? 영어가 아니라 중국어이다. 중국어는 10억 명 이상의 사람들이 쓰는 언어로, 지구상의 7명 중 1명은 중국어로 말하는 셈이다. 하지만 힌두교가 주로 인도에서만 신봉되듯 중국어도 주로 중국에서만

쓰이는 언어일 뿐이다.

현재 지구에는 약 6800여 언어가 있다. 이 중 약 2500개 언어는 사용자가 1000명 미만으로 사라질 위기에 처해 있다. 그리고 사라질 언어 대부분은 아직도 원시적인 부족이 많은 파푸아뉴기니, 인도네시아, 인도, 멕시코, 카메룬, 브라질 등에 몰려 있다. 언어는 전쟁이나 대량 학살 그리고 치명적인 자연재해로 사용자가 사라지거나 영어나 중국어에게 잡아 먹히는 '동화'라는 이름으로 사라진다.

브라질은 왜 포르투갈어를 쓸까?

라틴아메리카는 대부분 에스파냐어를 쓰는데 브라질만이 포르투갈어를 쓴다. 그래서 브라질을 문화적으로 '언어의 섬'이라고 한다. 왜 그렇게 된 걸까? 이야기는 15세기의 유럽으로 거슬러 올라간다.

당시 유럽에서 인도로 통하는 길은 오스만 제국이 장악하고 있었기 때문에 유럽은 새로운 바닷길을 찾아야 했다. 그러던 중 중국의 나침반이 유럽에 전해지고, 천문학과 거대한 돛을 단 범선 제작 기술이 발전하여 바다 멀리까지 항해할 수 있게 되었다. 그래서 당시에 매우 값나가던 향신료와 금을 찾아 새로운 바닷길을 개척하려는 모험가들이 나타나기 시작했다.

이때 에스파냐 여왕의 지원을 받아 인도로 향했던 콜럼버스가 그때까지 유럽인에게 알려지지 않았던 대륙인 아메리카에 도착하

게 된다. 하지만 콜럼버스는 그 땅이 인도라고 생각
해서 그곳 원주민들을 '인디오'라 불렀고, 지구도
작다고 여겼다.

콜럼버스가 아메리카에 도착하자 에스파
냐와 포르투갈 사이에 영토를 둘러싼 갈
등이 생겨났다. 이미 아프리카의 희
망봉에 도착한 포르투갈이 바닷길을
통한 해상 무역을 장악하
고 있었는데 콜럼버스
의 아메리카 발견으로
에스파냐와 경쟁하게 된
것이다. 이를 지켜보던 교
황은 이러다 큰 싸움이 나겠
다 싶어 중재에 나서 포르투
갈과 에스파냐 사이에 '토르데시야스 조약'을 맺게 했다. 그 내용은
"아프리카 서쪽 끝 앞바다에서 약 1500km 떨어진 곳을 지나는 경
선을 중심으로 동쪽에서 발견된 땅은 포르투갈의 것이고, 서쪽에서
발견된 땅은 에스파냐의 것으로 지구를 양분한다."는 약속이었다.
그것은 다른 나라 사람들이 들으면 어이없는 내용이었고, 실제로
영국과 프랑스 등도 심하게 반발하였다.

하지만 15세기는 에스파냐와 포르투갈이 유럽의 최강자였기 때
문에 새로 발견한 땅은 포르투갈과 에스파냐에 의해 양분되었다.
그 조약대로 그어진 선을 보면 아프리카 대륙과 인도 등 아시아 대

부분은 포르투갈의 것이 되었다. 라틴아메리카에서는 브라질만이 포르투갈의 영토가 될 수 있었다. 그것이 오늘날 브라질이 포르투갈어를 쓰고, 포르투갈 축구 리그에 브라질 선수가 많은 이유이다.

라틴아메리카는 왜 혼혈의 땅일까?

오늘날 라틴아메리카는 아르헨티나와 우루과이만이 백인 국가이고 나머지는 모두 혼혈이 다수인 나라이다. 라틴아메리카가 혼혈의 땅이 된 것은 유럽인의 침략과 관계가 깊다.

15세기 이후 백인이 들어오면서 많은 원주민들이 백인들과 벌인 전쟁으로 죽었다. 그뿐 아니라 백인들로부터 강제 노역과 괴롭힘을 당하거나 백인들이 옮겨 온 천연두, 홍역 같은 전염병으로 많은 원주민들이 죽었다. 콜럼버스가 도착할 당시 라틴아메리카의 인구가 약 8000만 명이었는데, 그 후 100년도 되지 않아 약 75%의 인구가 사라졌다.

백인들은 금, 은, 다이아몬드, 사탕수수, 커피, 목화처럼 큰돈을 벌 수 있는 자원과 농산물을 차지하기 위해 아메리카로 계속 모여들었다. 그리고 백인들은 자신들의 배를 불리기 위해 부족한 노동력을 멀리 아프리카에서 강제로 끌고 왔다. 이런 까닭에 라틴아메리카에는 백인과 흑인의 혼혈인 물라토, 백인과 원주민의 혼혈인 메스티소, 흑인과 원주민의 혼혈인 삼보인 등 여러 혼혈인이 살게 되었다.

라틴아메리카에서 가장 많은 수를 차지하는 혼혈은 메스티소이며, 안데스 산지를 따라 자리 잡고 있는 나라에 원주민와 함께 분포해 있다. 흑인과 물라토는 카리브 해에 있는 아이티, 도미니카 공화국, 바하마 등에 많이 살고 있다. 브라질도 백인이 가장 많지만 물라토도 많은 편이다.

아메리카, 라틴아메리카, 앵글로아메리카?

오늘날 아메리카 대륙은 온통 유럽인들 것으로 가득하다. 앵글로아메리카는 유럽에서 온 백인의 후손들이 지배하는 땅이 되었고, 라틴아메리카도 대부분 독립은 했지만 아직까지도 경제적으로는 백인에게 많이 의존하고 있다. '라틴아메리카'의 '라틴'이라는 말도 이탈리아의 라틴족에서 나온 것이다. 백인종으로 불리는 코카서스 인종 중 남부 유럽의 에스파냐, 포르투갈, 이탈리아 사람들을 라틴족이라 부른다. 아메리카를 지리적으로 구분하면 파나마 지협을 중심으로 북아메리카와 남아메리카로 구분하지만, 문화적으로 구분하면 미국과 멕시코 사이를 흐르는 리오그란데 강을 경계로 북쪽은 앵글로아메리카, 남쪽은 라틴아메리카이다.

〈최후의 만찬〉에는 왜 포크와 나이프가 없을까?

오늘날 포크와 나이프로 식사를 하는 대부분의 지역은 18세기 전까지만 해도 손으로 식사를 했다.

손으로 음식을 먹는 문화에도 나름대로 예의가 있다. 두 손으로

〈최후의 만찬〉

먹지 않고, 음식을 집을 때도 엄지, 검지, 장지, 세 손가락만을 이용해서 식사를 한다. 이렇게 먹어야 좀 있어 보이고 나름대로 뼈대 있는 집안의 사람으로 인정되었다. 요즘도 미국이나 유럽에서 고급 레스토랑에 가면 손을 씻는 그릇(핑거볼)이 나오는데 이것은 과거에 손으로 음식을 먹었던 수식 문화의 흔적이다. 한편, 지금도 손으로 먹는 곳이 많은데, 그중 이슬람 지역이나 힌두 지역에서는 식사 때 오른손만을 이용해서 식사를 한다.

포크가 식탁 위에 처음 오른 것은 11세기 이후 이탈리아 중부 지방에서이다. 이때는 끝이 둘로 갈라진 모양의 포크였는데, 실제로는 거의 쓰이지 않다가 15세기 이후 조금씩 쓰이기 시작했다. 하지만 포크를 쓰는 것은 남자답지 못하다는 생각 때문에 그렇게 널리 쓰이지는 못했다.

포크가 널리 쓰이기 시작한 것은 프랑스 대혁명 이후이다. 그러니 15세기 사람인 레오나르드 다빈치가 그린 〈최후의 만찬〉에 포크와 나이프가 등장하지 못한 것은 당연하다. 식탁의 메뉴가 바뀌어서 갑자기 포크가 필요하게 된 것이 아니라, 프랑스 대혁명으로 공작, 백작 같은 지위를 박탈당한 귀족들이 일반 평민들과 구별되기 위한 식사 예절의 하나로 포크를 이용하여 식사를 하였던 것이다.

사실은 달라 보이기 위한 사치스러운 행동이었는데 일반인의 눈에는 높은 분들이 하는 품위 있는 모습으로 인식되었다. 그렇게 해서 포크와 나이프는 사회적으로 신분이 높고 기품 있어 보이고 싶어 하는 사람들 때문에 식탁에 오르게 되었다. 그러면서 손으로 음식을 먹는 모습은 그 반대로 인식되어 천대받게 되었다.

어느 나라의 젓가락이 가장 길까?

식사를 할 때는 손, 젓가락, 포크, 나이프 등 지역마다 다양한 도구를 쓴다. 육식을 주로 하는 목축 지역 사람들은 포크나 손으로 식사를 하고, 곡물 농사를 많이 짓는 아시아 지역 사람들은 젓가락을 이용해 식사를 한다. 세계 인구의 40% 정도가 손, 30% 정도는 포크와 나이프, 나머지 30%가 젓가락으로 식사를 한다.

세상에서 가장 간단한 운반 도구인 젓가락은 주로 아시아에서 쓰고 있으며, 이 중 우리나라, 중국, 일본, 이 세 나라가 세계 전체 젓가락 사용 인구의 약 80%를 차지한다. 동부 아시아 지역에서 젓가락이 널리 쓰이게 된 것은 기원전 4세기경이다. 우리나라에서는

숟가락과 젓가락을 같이 사용하지만, 중국이나 일본에서 숟가락은 젓가락의 보조에 불과하다. 하지만 우리나라에서는 숟가락의 지위가 젓가락과 똑같다. 그래서 숟가락, 젓가락을 담아 두는 통을 수저통이라고 한다.

세 나라 중 젓가락의 길이가 가장 긴 나라는 젓가락을 맨 먼저 쓴 중국이다. 중국 영화를 보면 젓가락 무술로 적을 물리치는 장면이 흔히 나온다. 그만큼 중국 사람들에게 젓가락은 중요한 식사 도구이다. 중국 역시 전통적으로 가부장 사회이지만 가족 모두는 넓은 상에서 함께 식사를 한다. 따라서 식사 때면 멀리 있는 음식을 집어 먹어야 하니 젓가락이 길어졌다. 반면, 일본은 제각기 혼자 식사를 하는 경우가 많기 때문에 젓가락이 짧다. 또 섬나라 일본은 오래전부터 생선을 좋아하기로 유명한데 젓가락 끝을 보면 가시를 발라내기 편리하게 뾰족한 것이 특징이다.

우리나라 젓가락은 중국 젓가락보다 짧고 일본 젓가락보다는 길다. 우리나라의 전통적인 식사 모습은 어른과 아이로 나누어 여러 상에서 식사를 하기도 하고, 남자와 여자로 나누어 식사를 하기도 한다. 또 식탁에는 나물 종류가 많기 때문에 지나치게 길거나 짧으면 불편하다. 한편 중국과 일본에서는 나무젓가락을 쓰는 반면, 우리나라에서는 주로 쇠젓가락을 쓴다.

문화는 발이 달렸다

문화는 발이 달려서 한곳에 머물지 않고 다른 지역으로 이동된다(문화 전파). 한 지역의 문화가 잦은 교류로 인해 주변 지역으로 확산되어 이동한다(문화 확산). 중국의 한자나 젓가락이 가까운 우리나라, 일본, 베트남 북부 등에 전파된 것이 그 예이다. 그런가 하면 중국인들이 한국, 미국 등에 이주하여 그곳에 차이나타운을 만들어 중국에서 살듯이 사는 것처럼 문화를 옮겨 심기도 한다(문화 이식).

선사 시대 사람들은 어떤 집에서 살았을까?

선사 시대 사람들도 집이 있었을 것이다. 그럼 그때 사람들은 무엇을 이용해서 집을 지었을까? 물론 지금이나 그때나 주변에서 쉽게 구할 수 있는 것으로 집을 지었으리라 생각된다. 단, 차이가 있다면 지금과 달리 고정된 집이 없었다는 점이다. 왜냐하면 농사를 짓기 이전이어서 사람들이 여기저기 떠돌아다니는 방랑자와 같은 생활을 했기 때문이다.

선사 시대 사람들은 지금처럼 집을 짓기보다는 자연을 이용해서 자신과 가족을 보호했을 것이다. 만약 내가 원시인이라면 어떤 곳을 집으로 이용할 수 있었을까? 가장 먼저 떠오르는 것은 동굴이다. 사실 동굴은 가장 훌륭한 집이었다. 비, 바람, 무서운 동물로부터 지켜 줄 수 있었을 테니까.

동굴은 아니지만 동굴과 비슷한 집도 있었다. 사냥을 다니고 방랑을 하다가 바위나 돌무더기가 있는 곳에 자리를 잡고, 바위에 나무를 기대어 집을 지었다. 동굴에 비하면 허술하지만 어차피 여기서 주민등록 신고하고 살 것도 아니기 때문에 간단한 집으로는 나름대로 훌륭했다. 그 밖에 큰 나무의 가지를 적당히 베어 내고 그 위에 판자를 걸쳐서 머물 수 있는 공간을 만들기도 했다.

이게 최초의 텐트일걸~

선사 시대 사람들도 종교가 있었을까?

지금으로부터 약 7000년 전에 돌이나 뼈에 새긴 조각에서 글자가 어떻게 시작되었는지 엿볼 수 있다. 만약 최초의 인류부터 오늘까지를 하루(24시간)라고 보면 문자 기록을 남기기 시작한 것은 고작 43초 전밖에 안 된다. 그러니까 인간이 지나온 대부분의 시간이 글자로 남겨진 기록이 없는 선사 시대이며, 인간은 아주 오랫동안 문자 없이 원시적으로 살아왔다.

그때는 부처도 예수도 없었다. 그럼 예수가 있기 전 유럽과 아메리카에 살았던 사람들은 무엇을 믿었을까? 부처와 공자가 있기 전 아시아에 살았던 사람들은 무엇을 믿었을까?

선사 시대 사람들은 태양, 바람, 커다란 나무 등이 소원을 들어 주고 벌도 주는 엄청난 힘이 있다고 믿었다. 그들에게 절대적 힘을 가진 자연은 두려움의 대상이자 존경의 대상이었다. 오늘날에도 바위, 동물, 산, 강에 인간과 같은 혼이 있고 초월적 힘이 있다고 믿는 사람들이 많다.

인도네시아의 보르네오에는 쌀에 혼이 있다고 믿는 민족이 있어서 쌀을 위한 축제를 한다. 또 파푸아뉴기니에는 얌에 혼이 있다고 믿어 자기네들이 기른 얌은 먹지 않고 다른 민족이 재배한 얌과 바꾸어 먹는 민족도 있다. 그런가 하면 추운 시베리아에는 곰에 혼이 있다고 믿고 사는 민족도 있다.

또 샤먼을 중심으로 종교가 나타나기도 한다. 샤먼은 쉽게 말해 우리나라의 무당 같은 존재이다. 샤먼은 자기들이 신과 인간의 중재자라고 한다. 그래서 그들은 "신의 소리를 들을 줄 알고, 대신 신의 이야기를 전할 수 있다. 또 신의 신통력으로 사람의 병도 고칠 수 있다."고 말한다. 이와 같은 종교 행위는 아메리칸인디언, 이누이트, 오스트레일리아의 어보리진 등에서 나타난다.

부시맨들은 왜 상대를 놀리는 관습이 있을까?

아프리카의 칼라하리 사막에는 쿵 부시맨이 살고 있다. 그들은 크리스마스 때면 마을에서 가장 살찐 소를 잡아 온 마을 사람들이 배불리 먹고 춤추며 논다.

부시맨들에게 크리스마스라니 좀 이상하고 왠지 어울리지 않는 것 같지? 이들에게 처음 크리스마스를 알려 준 것은 19세기 초반 칼라하리 사막 지역에 들어온 영국의 개신교 선교사들이었다. 이들의 영향으로 크리스마스 때면 부시맨들도 소를 잡아 이웃 부족들에게 대접하는 관습이 생겨났다. 1930년대 이후부터는 크리스마스 때면 연례행사처럼 소를 잡아 서로 나누어 먹었다.

어느 해 크리스마스에 영국인 학자가 칼라하리에서 부시맨의 문화 연구를 마치고 나서, 주민들에게 감사하는 마음을 표현하고 싶어 마을에서 가장 큰 소를 잡아 대접하려고 했다. 그 영국인은 마

쿵 부시맨 부족

을을 다 뒤지고 뒤져서 아주 큰 소를 사 놓았다. 그리고 마을 사람들에게 내가 여러분에게 감사의 마음으로 여기서 가장 큰 소를 잡아 대접하려고 하니 크리스마스 때 모여 달라고 했다. 그런데 그다음 날부터 주민들이 와서 소가 작다고 하는 것이다. 영국인이 보기에는 아주 큰데, 주민들은 그건 큰 게 아니고 늙은 소이기 때문에 잡으면 살이 없고 뼈만 많을 것이라고 했다. 이 사람이 와서 말하고 저 사람이 와서 말하고, 나중에는 부족의 원로까지 와서 이 소로는 마을 사람들이 배불리 먹을 수도 없고, 먹은 후에 신나게 춤을 출지도 모르겠다고 말하는 것이다.

영국인은 소 때문에 마을 사람들끼리 싸움이 날지도 모른다고 생각하니 걱정이 되었다. 하지만 정작 크리스마스 당일에는 마을 사람들의 태도가 180도 바뀌었다. 정말 큰 소였다고 하며, 모두가 배불리 먹고, 흥겹게 춤췄다는 것이었다. 마을 원로는 영국인에게 와서 웃으면서 고맙다고 말하며, 놀려서 미안하다고 사과했다. 영문을 모르는 영국인은 왜 자신을 놀렸냐고 물었다. 마을 원로는 그건 자기네 부시맨의 대화 방법이라고 했다. 무슨 말인지 못 알아들은 영국인이 다시 물었다. 어떻게 놀리는 게 대화 방법이냐고. 원로는 그건 친구가 교만해지는 것을 막기 위한 부시맨의 대화 방법이라고 말해 주었다.

부시맨들은 사냥을 가서 큰 짐승을 잡아도 물어보기 전에는 말하지 않거나 물어봐도 "아주 작은 것을 간신히 잡았다."고 말한다고 한다. 그러면 상대는 '아주 큰 것을 잡았구나.' 하고 생각한다는 것이다. 영국인이 큰 소를 잡아 스스로 자랑하려고 했던 그 교만함

을 고쳐 주기 위해 부시맨들이 돌아가며 영국인을 놀렸던 것이다.

우리 눈에 비친 부시맨의 모습은 원시적이고 미개하다. 하지만 그들이 가진 관습은 수천 km 떨어져 있는 우리에게도 큰 교훈과 지혜를 준다.

서남아시아보다 무슬림이 더 많은 곳은 어디일까?

이슬람교는 세계 3대 종교 중 가장 늦게 발생하였다. 이슬람교는 7세기경 서남아시아 아라비아 반도의 홍해 연안 도시인 메카에서 무함마드(마호메트)에 의해 창시되었다.

이슬람교는 그 어떤 종교보다도 빠른 속도로 퍼져 나갔다. 창시 후 겨우 100여 년 만에 서남아시아를 넘어 북아프리카, 유럽의 이베리아 반도, 중앙아시아, 인도 북서부 지역까지 진출하였다. 이슬람교가 이처럼 빠르게 퍼져 나갈 수 있었던 것은 전쟁과 무역을 통해 세력을 확장했기 때문이다. "그것이 진실이라는 믿음이 있고, 알라의 숭배만이 있을 때까지 싸워라." 이는 코란의 한 구절이다.

하지만 그들은 정복한 나라에서 포용적인 정책을 폈다. 곧, 정복당한 지역의 주민들이 이전부터 갖고 있던 종교를 그대로 믿고 살 수 있게 하되 이슬람교로 종교를 바꾸면 세금 혜택을 주는 식이었다. 정말 칼로 윽박지르기보다 효과가 좋았을 것 같다.

한편, 사하라 사막 남쪽의 아프리카와 중국의 위구르 지역, 남부 아시아와 말레이시아, 인도네시아에서 많은 사람들이 이슬람을 믿게 된 것은 무슬림 상인과 선교사들의 노력 때문이었다.

오늘날 이슬람교를 믿는 사람들은 전 세계적으로 약 13억 명이 넘는다. 전 세계 인구 5명 중 1명이 무슬림인 셈이다. 우선 아라비아 반도는 이슬람의 성지가 있는 곳이며 사우디아라비아, 예멘, 오만의 사람들은 태어남과 동시에 이슬람교를 믿는 무슬림이다. 하지만 실제로 무슬림이 가장 많이 사는 지역은 이슬람 발상지인 사막의 땅 아라비아 반도가 아니라 힌두교의 땅으로 알려진 인도 반도이다. 인도 반도에는 1억 4500만 명의 무슬림이 사는 인도 외에도 파키스탄에 약 1억 7000만 명, 방글라데시에 약 1억 3800만 명 등 엄청난 수의 무슬림이 살고 있다. 이것은 북부 아프리카와 서남아시아에 있는 3억 명보다도 많은 수이다.

한편, 하나의 국가로 무슬림 수가 가장 많은 나라는 약 2억 700만 명(2009년 추정)이 있는 인도네시아이다. 인도네시아는 전체 인구 약 2억 3400만 명 중 88%가 이슬람교를 믿는다.

무슬림의 5대 기둥이 뭘까?

　무슬림으로 산다는 것은 5가지 의무를 다하며 산다는 뜻이다. 여기서 5가지 의무를 무슬림은 5대 기둥이라고 한다. 튼튼한 기둥이 큰 집을 지탱하듯 5개의 기둥이 무슬림을 더욱 무슬림답게 한다고 그들은 믿는다.

　첫 번째 기둥으로 무슬림은 해마다 이슬람력으로 9월(라마단)에 한 달간 해가 떠서 질 때까지 음식을 먹지 않는다. 라마단은 지역에 관계없이 사우디아라비아의 메카에서 초승달이 보이는 날짜를 따르기도 하고, 각 지역에서 달의 모양을 관찰한 후 정한다. 우리나라에 사는 무슬림은 말레이시아를 기준으로 라마단에 들어간다. 단식(사움)은 무슬림에게 가난한 사람의 고통을 같이 나누고, 이를 통해 가진 자가 없는 자를 돕도록 가르친다. 또 고통을 같이 나누며 무슬림 공동체의 결속력을 높이는 효과도 있다. 모든 사람이 다 굶는 것은 아니다. 환자, 장거리 여행자, 노약자, 임산부, 수유 중인

어머니, 전쟁 중인 군인 등은 면제된다. 그런데 신기한 것은 이때 많은 사람들이 오히려 몸무게가 늘어난다는 것이다. 배가 너무 고파서 해가 진 뒤 폭식을 하기 때문이다.

둘째로 날마다 신앙 고백(샤하다), 즉 "나는 하나님 외에 신이 없음을 증언합니다. 또한 나는 무함마드가 하나님의 사도임을 증언합니다."를 여러 번 암송한다.

셋째로 날마다 일출 전 새벽, 정오, 오후, 일몰 후, 밤에 메카를 향해 예배(살라트)한다. 예배 장소는 어디든 상관없지만 남자는 보통 이슬람 사원인 모스크에서 하고, 여자는 가정에서 한다.

넷째로 무슬림은 소득의 40분의 1을 희사(자카트)한다. 희사는 일종의 기부인데, 다른 사람을 올바른 길로 인도한다거나, 몸이 불편한 장애자들을 돕는 행위 등도 희사에 들어간다. 가난한 자도 정신적 희사로 대신함으로써 상대적인 박탈감이나 열등의식에서 벗어날 수 있게 하였다. 코란에는 희사금은 가난한 자, 재난당한 자, 이슬람 선교사, 이슬람 유학생 등을 위해 쓰라고 쓰여 있다.

다섯째로 죽기 전에 한 번은 성지 순례(하지)를 위해 메카에 와야 한다. 메카의 카바 성전 주위를 돌고, 그 벽 한 모퉁이에 있는 검은 돌에 입을 맞추고, 사파 언덕과 마르와 언덕을 돌고, 악마를 나타내는 미나 근처에 돌을 던지고, 그곳에서 양을 희생 제물로 바치며, 아라파트 평원에 모이는 등 일정한 의식이 정해져 있다.

종교가 없는 사람들에게는 이런 의무가 귀찮고 힘들게 보일 것이다. 그러나 무슬림의 5대 기둥은 무슬림을 하나의 공동체로 묶어 주고, 그들 사이에 있는 인종적·언어적·정치적 장벽을 허무는 데

기여했다. 그리고 정확한 예배 시간과 예배 방향을 맞추려는 노력이 천문학과 기하학을 발달시켰다.

세계로 전파된 무슬림의 지혜

알고 보면 전 세계가 무슬림의 혜택을 보고 있다. 중세 때 수학, 철학, 천문학, 광학, 점성술, 화학, 자연과학, 신비주의 같은 무슬림의 지식이 유럽으로 들어가 잠자던 유럽을 깨웠고, 유럽의 기독교 사상에도 큰 영향을 미쳤다. 직물, 양탄자, 금속 공예, 유리 제조, 제본술 등은 유럽 시장과 유럽 사람들의 생활에 변화를 가져왔다. 비단과 나침반, 종이를 서구에 전한 것도 무슬림들이다.

불교는 발상지 인도에서 왜 쇠퇴했을까?

불교는 힌두교보다 신자 수는 적지만 여러 나라에서 믿고 있기 때문에 세계 종교로 분류된다. 불교는 한국, 중국, 일본 등 동부 아시아로 퍼져 나가 아직까지도 이곳에는 많은 신자가 있다.

그런데 흥미로운 사실은 불교의 발상지인 인도에서는 정작 국민의 1%만이 불교를 믿고 있다는 것이다. 불교를 창시한 성자 고타마 싯다르타께서 이 사실을 알면 어떤 마음일까? 하기야 부처님은 자비로운 분이니 이해하실 것이다.

카스트 제도가 깊이 뿌리박고 있는 나라 인도에서 시작된 불교는 카스트에 반대하며 '누구나 신분 차별 없이 평등하고, 누구나 행복해질 수 있다.'고 주장했기 때문에 신분이 낮은 하층민들에게 큰 지지를 얻었다. 하지만 7세기 이후 인도에서 불교를 탄압하기 시작했고, 탄압을 피해 민간 신앙이나 주술적인 기도가 도입되어 불교가 밀교가 되었다. 밀교란 '다라니'나 '만트라'를 욈으로써 깨우침에 이르고자 하는 것으로, 외부에서는 알 수 없다는 '비밀 종교'라는 말의 줄임말이다.

인도에서는 불교가 밀교화하면서 차츰 독자성을 잃고 힌두교에 융합되었다. 예를 들면, 힌두교에서 중시하는 윤회 사상이 불교에서도 그대로 적용되면서 불교와 힌두교의 차별화에 실패하게 된다. 윤회 사상은 생명이 있는 것은 죽으면 다시 다른 생명체로 태어난다는 사상이다. 이러다 보니 불교를 힌두교의 한 종파로 아는 사람들이 생길 정도가 되었다. 결국 강력한 신분 사회에서 불교의 평등 사상은 신분 제도를 깨는 데까지 나아가지 못하면서 점차 외면당하였다.

그리고 불교가 외면당한 아주 큰 원인은 바로 이슬람 세력의 인도 진출이다. 8세기 이후 이슬람교가 북서인도에 진출하기 시작하여 13세기 초 인도가 이슬람교도에게 정복된 것을 계기로 인도에서 고대 불교는 거의 자취를 감추고 말았다. 유일신을 강조하는 무슬림은 불교를 철저히 파괴한다. 무슬림들은 아프가니스탄, 간다라, 카슈미르 등지에서 불상을 훼손하고 사원을 파괴했다. 무슬림들이 이때도 관용 정책을 취한 것은 아니었나 보다.

인도인은 모든 소를 숭배할까?

힌두교는 우리가 알고 있는 크리스트교, 불교, 이슬람교보다 더 오래된 종교이다. 또 힌두교는 인도 인구 11억 명 중 80% 정도가 믿는 종교이다.

인도는 인구가 빠른 속도로 증가하는 데 비해 식량 생산이 그만큼 따라가지 못해 많은 어린아이들이 굶주림으로 죽거나 고통스러워하고 있다. 그런데 시장이나 도로에서 태평스럽게 걸어다니는 소를 쉽게 발견할 수 있다. 소가 미워서가 아니라 굶주림에 고생하는 아이들을 보면 저 소를 잡아서 아이들을 살리면 좋겠다는 생각이 들지만, 그것은 내 생각이고 이런 생각을 하는 힌두인은 거의 없다.

인도의 브라만은 소를 시바 신이 타고 다니는 성스러운 짐승으로 여겨 먹지 못하게 정하였다. 하지만 이게 정말 힌두교에서 소를 먹지 못하게 하는 이유의 전부일까?

아주 오래전 인도에서 사람들이 쇠고기를 먹기 시작하면서 농사를 지어야 하는 소의 수가 크게 줄어들었다. 지금도 인도는 많은 사람들이 농업에 종사하지만 당시에도 많은 사람들이 소에 의존하여 농사를 지었다. 따라서 인도인에게 소는 땅을 비옥하게 만드는 힘의 상징이었다. 소를 고기로 먹기보다는 그 힘을 이용하여 농사를 짓고, 쇠똥은 말려서 연료로 사용하는 것이 더 이익이었다. 오늘날에도 인도에서는 손수레에 말린 쇠똥을 싣고 파는 이들을 볼 수 있다.

인도에서 수소는 사람이 소유할 수 없다. 신의 운송수단이기 때문이다. 또 암소는 어머니처럼 생각한다. 하지만 인도에서 모든 소가 숭배를 받는 것은 아니다. 체격과 생김새를 보아 신성하다고 여겨지는 소만이 화려하게 치장되고 힌두교도로부터 절과 성금도 받는다. 지금도 같은 소과이지만 물소는 먹어도 된다.

신성한 소

불결한 존재로 불리는 그들은 누구일까?

인도의 카스트 제도는 법적으로는 1947년에 인도의 독립과 함께 사라졌다. 하지만 미국에서 노예 해방이 1860년대에 이루어졌어도 그 후 100년 넘게 미국 곳곳에서 심한 흑인 차별이 있었고, 지금도 완전히 없어졌다고 단언할 수는 없다. 인도는 아직까지도 법보다는 힌두교의 교리를 따른다. 힌두 법전에는 "모든 사람들은 이미 태어날 때부터 불평등하다."고 가르치고 있다. 우리의 눈으로 보면 말도 안 되는 일이지만 힌두 문화에서는 수천 년을 내려온 자연스러운 삶이다.

인도의 카스트는 실제 우리가 알고 있는 것보다 복잡하다. 사람들은 보통 수드라를 가장 낮은 계급으로 알고 있지만, 정말 낮은 사람들은 따로 있다. 바로 불가촉천민이다. 이들도 분명 겉모습은 브라만이나 크샤트리아와 같은 사람인데, 상층 카스트 사람들은 이

들을 사람과 짐승의 중간쯤으로 여기는지 이들을 불결한 존재, 즉 '불가촉천민'이라 한다. 인도에는 '달리트' 또는 '아추타'로 불리는 1억 7000만 명의 불가촉천민이 있다. 과거에 불가촉천민은 그림자가 상층 카스트 사람에게 닿았다고 매를 맞고, 몸에 종을 달고 다니며 자신의 존재를 알려야 했으며, 침이 땅에 떨어지지 않도록 양동이를 들고 다녀야 했다. 지금은 그렇게까지 하지는 않지만 아직도 대도시에 비해 농어촌 지역에서 카스트는 철저히 지켜지고 있고, 차별의 벽도 두텁다.

불가촉천민은 자신의 신분을 감추고 싶겠지만 인도인끼리는 이름의 성과 사는 곳, 하는 일 등을 보면 신분을 알 수 있다. 특히 직업을 보면 계급을 알 수 있는데, 불가촉천민은 인도인이 불결하다고 믿는 피, 오물, 쓰레기 따위와 관련된 일을 주로 한다. 예를 들면, 갠지스 강변에서 시체를 태우는 일, 오물 가득한 하수구 청소, 냄새 풀풀 나는 재래식 화장실 청소, 거리에서 자동차에 치여 죽은 동물 치우기, 짐승의 가죽을 벗기고 무두질하는 일 등이다.

오늘날에는 국회나 관공서, 대학 등에서 불가촉천민에 대한 할당제를 실시하고 있다. 예를 들어 연방 의회 의석의 15%는 불가촉천민의 자리이다. 할당제는 이들이 적은 숫자라도 힌두 사회에서 영향력 있는 자리에도 오를 수 있도록 해 놓은 장치이다.

하지만 역시 보이는 것보다 보이지 않는 것이 무섭다. 법에서는 사라졌지만 사람들 마음에 박혀 있는 신분 차별이 아직도 인도를 움직이고 있으니……

세계의 성지는 어떤 곳일까?

'성지'(聖地)란 성스러운 곳이다. 성인이 탄생한 곳이나 성인이 순교한 곳 등 종교마다 성지에 얽힌 사연도 많고 인연도 다양하다. 대부분의 종교는 성지를 세계 또는 우주의 중심이라고 믿는다. 각 종교의 성지를 한번 살펴보자.

'로마'와 '루르드'는 가톨릭교의 성지이다. 특히 로마는 성인 베드로가 순교한 성지이며, 제1대 교황 베드로 때부터 현재까지 교황의 집무처인 바티칸이 있는 곳이다. 로마는 가톨릭교의 실질적인 건설자 바울이 노년을 보낸 곳이기도 하다. 베드로 성당을 보면 신성하고 경건한 마음이 밀려든다. 루르드는 프랑스 피레네 산맥 아래 있는 성지로, 해마다 500만 명의 순례자가 이곳을 찾는다. 거기서 신자들은 마리아가 나타났다는 동굴을 둘러본다.

'예루살렘'은 가톨릭과 개신교를 아우르는 크리스트교의 성지이자 유대교의 성지이며, 이슬람교의 성지이기도 하다. 예수가 죽었다가 다시 살아난 곳에 '부활 교회'가 세워져 있어서 크리스트교 신자들은 예루살렘을 최고의 성지로 여긴다. 유대인들 역시 옛날에 솔로몬 왕이 시온 산 일대에 신전을 세웠기 때문에 시온 산을 품고 있는 예루살렘을 최고의 성지로 여긴다.

'메카'와 '메디나'는 이슬람교 최고의 성지이다. 메카는 무함마드가 알라의 계시를 받은 곳이며, 순례 기간에는 서남아시아, 말레이시아, 인도네시아 등으로부터 200만 명이 넘는 순례자가 모여든다.

'룸비니'와 '부다가야'는 불교의 성지이다. 룸비니는 현재 네팔에 속한 땅이지만 싯다르타가 탄생한 곳이다. 부다가야는 싯다르타가 보리수 아래에서 깨달음을 얻은 곳이다. 그래서 부다가야에는 높은 탑이 세워져 있고, 많은 신도들이 이곳에서 기도를 한다.

'바라나시'와 '마두라이'는 힌두교의 성지이다. 특히, 바라나시는 신성하다고 믿는 갠지스 강이 흐르고, 시바를 모신 많은 사원이 있는 힌두교 최고의 성지이다. 힌두교도들은 갠지스 강에서 목욕하는 것을 성스러운 것으로 생각하며 큰 기쁨으로 여긴다.

바티칸 시티(위)
메카의 카바 신전(왼쪽)
갠지스 강가(오른쪽)
루르드의 마리아상(아래)

중국에는 왜 비종교인이 많을까?

중국은 사회주의 국가로 헌법에는 종교의 자유가 있다고 적혀 있지만, 실제로 정부에서는 종교를 원칙적으로 부인한다. 그러나 오래전부터 중국 사람들의 마음에 여러 종교가 자리 잡고 있었기 때문에 도교, 불교, 이슬람교, 가톨릭, 개신교 등 다섯 개의 종교를 인정하고 있다. 이 중 도교는 중국에서 200년경 발생한 것이고 나머지는 모두 외부에서 들어왔다. 가장 늦게 중국 땅을 밟은 종교는 개신교로 19세기 무렵이다.

그럼 기원전에는 어떤 종교가 중국인들의 마음속에 있었을까? 중화사상이 중국인을 지배했다. 중화사상도 알고 보면 하늘을 섬기기 때문에 종교라고 할 수 있는데, 하늘의 아들 '천자'가 하늘의 명을 받아 세상을 다스려야 한다는 생각이다. 그리고 세상의 중심인 중국의 황제가 바로 천자가 될 수 있다고 믿었다. 따라서 중화사상은 종교적이긴 하지만 어찌 보면 정치적인 냄새도 많이 난다. 그래서일까? 20세기 들어 중국에서 사회주의 국가를 건설한 이들은 종교를 '마약'으로 폄하하였다. 즉, 종교는 권력을 가진 사람들이 자신들의 재산과 권력을 키우기 위해 선량한 국민을 속이는 것이라고 보았다. 그래서 그들은 종교라는 것은 언젠가는 사라질 것이라고 보았고, 사라져야 한다고 생각했다.

중국 건국의 아버지인 마오쩌둥과 중국 공산당은 사회주의 국가를 건설한 후 종교 단체를 모두 해체하고 그들이 가지고 있던 토지도 빼앗았다. 이뿐만이 아니었다. '삼자 애국 운동'이라는 것을 전개하여 신부, 수녀, 목사 등을 감옥에 가두고, 전국 곳곳에서 '종교가 없는 마을 건설'이라는 구호를 외치며 종교를 파괴하였다. 이렇게 해서 중국에서는 기존의 종교를 믿는 신도 수가 많이 줄어들었고, 각 종교의 사원들도 크게 줄었다.

　1970년대 말 마오쩌둥이 사망하고 개혁 개방 정책을 내세운 덩샤오핑 시대가 열리면서 중국의 종교 정책에 변화가 생겼다. 덩샤오핑은 중국의 가장 큰 고민은 종교가 아니라 자본주의 경제에 비해 생산성이 낮은 경제라고 생각했다. 생산성이 낮다는 말은 같은 시간을 일했을 때 자본주의 노동자에 비해 공산주의 노동자의 생산량이 적다는 뜻이다. 덩샤오핑은 생산성을 높이는 정책에 힘을 쏟고, 종교에 대해서는 관용 정책을 폈다. 이에 따라 위축되었던 기존의 여러 종교가 활기를 띠기 시작했다.

　하지만 관용 정책이라는 것이 '종교를 적으로 보지는 않는다.'는 뜻이지 종교 활동을 장려한다는 뜻은 아니다. 중국은 아직도 선교를 금지하고 있다. 선교는 간섭이자 개인의 자유를 침해하고 사회를 불안하게 한다고 여기며, 정부는 종교가 없는 사람들을 보호할 의무가 있다고 주장한다. 그러니 중국에 가더라도 이런 건 조심해

러시아의 종교인 변화

러시아도 1990년에 사회주의 국가였던 소련이 붕괴된 후 종교인이 급격히 증가하였다. 소련 시절 창고, 공장, 헛간으로 사용됐던 교회를 원래대로 되돌리고, 철의 사나이 스탈린에 의해 파괴됐던 그리스도 대성당도 모스크바 강둑에 다시 세워졌다. 이런 노력으로 2000년대 중반까지 러시아 주요 종교인 그리스 정교(러시아 정교)의 신도 수는 3배 이상 늘었고, 이슬람교, 개신교 등의 신도 수도 많이 늘었다.

야 한다. 중국인들에게 전도를 하거나 종교 내용이 담긴 인쇄물을 주면 안 된다. 허가받지 않은 장소에서 종교 활동을 해서도 안 된다. 18세 미만의 중국인에게 종교 관련 교육이나 설교를 하는 것도 금지되어 있다. 설령 그 사람이 신앙을 가진 사람이어도 법으로는 못하게 되어 있다.

유대교는 이슬람교와 크리스트교의 어머니?

21세기에도 유대교를 믿는 이스라엘과 이슬람교를 믿는 아랍 국가 간에는 늘 긴장이 흐른다. 우리나라 같은 제삼자가 볼 때는 마치 조상이라도 때려죽인 원수처럼 보인다.

그런데 재밌는 사실은 유대교가 이슬람교과 가족 관계에 있다는 사실이다. 유대교를 믿는 사람들 사이에는 이런 이야기가 있다. 한 유대교 신자가 "내 아들이 크리스트교를 믿으려고 합니다. 하나님, 이를 막아 주십시오."라고 기도하고 있었다. 그러자 하나님이 나타나 "포기해라, 내 아들도 그랬었다."라고 했다고 한다. 교회를 다니는 사람은 금방 알아듣겠지만 그렇지 않은 사람은 잘 모를 수도 있겠다. 하나님이 말하는 내 아들은 바로 예수인데, 사실 크리스트교의 시조인 예수도 알고 보면 유대교 신자였다. 그런데 예수가 죽은 후에 예수를 하나님의 아들이라고 믿는 사람들이 만든 종교가 바로 크리스트교이다. 그러니 유대교 입장에서는 예수는 집 나간 아들인 것이다.

유대교는 크리스트교보다 역사가 훨씬 길다. 유대교가 시작된 것은 기원전 15세기였고, 유대교를 기본으로 하는 종교가 1세기와 7세기에 탄생하게 된다. 여기서 1세기에 탄생한 종교가 바로 크리스트교이고, 7세기에 탄생한 종교가 바로 이슬람교이다. 그러니 유대교가 어머니이고, 크리스트교가 장남이고, 이슬람교가 차남이 되니까, 이들은 가족이 맞다.

하지만 가족이라고 다 친한 것은 아니다. 텔레비전 뉴스를 보면 심심찮게 가족끼리 싸우고 해치는 사건도 나온다. 그것처럼 이들도 사이가 나쁘다.

유대교를 믿는 사람들은 자신들만이 정통파이고 하나님으로부터 선택받은 사람들이라고 생각하며, 크리스트교는 가출한 장남이고 이슬람교는 막돼먹은 차남이라고 여긴다. 크리스트교를 믿는 사람들 역시 급속히 확산되고 발전한 이슬람교를 질투하여 철저히 무시하려고 한다. 여기에 이슬람교를 믿는 사람들은 유대교나 크리스트교를 믿는 사람들이 하나님의 말씀인 구약 성서를 제멋대로 고쳤다며 욕을 한다. 이들이 언제쯤 하나의 가족으로 평화롭게 지낼 날이 올까?

돼지고기를 못 먹는 사람들은 누구일까?

무슬림은 술과 돼지고기를 먹지 않는데, 알코올이 들어간 향수조차도 쓰지 않고, 초코파이 크림에 들어가는 젤라틴도 돼지에서 나온 것은 쓰지 않는다. 철저하게 코란을 따르는 무슬림은 돼지고기가 식기에 닿을 수 있기 때문에 일반 식당조차도 가지 않는다. 사실 불교도들도 살생을 금하는 계율 때문에 육식을 하지 않는다. 하지만 무슬림은 그것도 아닐 텐데 왜 돼지고기를 먹지 않는 것일까?

유대인의 구약 성서를 보면 발굽이 갈라져 있고 되새김질을 하는 동물은 거의 먹을 수 있었다. 낙타, 오소리, 토끼는 되새김질을 하지만 발굽이 갈라져 있지 않으니 먹으면 안 된다고 되어 있다. 또 돼지는 발굽이 갈라져 있지만 되새김질을 하지 않으니 먹으면 안 된다. 그리고 이슬람교 경전 코란에도 똑같이 돼지고기, 피, 죽은 고기를 먹지 말라고 되어 있다.

돼지고기를 먹지 않게 된 이유에 대해서는 여러 주장이 있다. 가장 오랫동안 사실로 믿어져 왔던 것은 돼지가 썩은 시체, 오물, 쓰레기 등을 먹고 사는 불결한 짐승이라는 이유이다. 하지만 돼지는 깨끗한 것을 좋아한다고 한다. 돼지는 땀샘이 없기 때문에 더위를 식히고 피부에 붙은 기생충도 씻어 내려고 진흙탕에 나뒹구는 것이다. 일종의 머드팩인 셈이다. 제주의 똥돼지처럼 인간의 똥을 먹는 것은 돈을 들이지 않고 돼지를 키우려는 인간의 사육 방법 때문이다. 그리고 사실 닭이나 개도 인간의 똥을 먹는다.

신석기 시대 이후 서남아시아와 북부 아프리카 지역에서도 돼지를 길렀는데 그때는 인구도 적었고, 지금과 같은 사막이 아니라 숲과 물이 풍부했다. 하지만 기후가 변해 서남아시아와 북부 아프리카가 건조 지역으로 많이 바뀌었다.

그런데 돼지는 몸이 뚱뚱하고 숏다리로 다리가 짧아서 장거리 이동이 어렵고, 무엇보다도 돼지는 소나 양처럼 풀을 즐겨 먹는 짐승이 아니다. 유목민이 사는 건조 지역에서 가축에게 먹일 것은 풀뿐이다. 그런데 돼지는 잡식 동물로 풀보다는 인간이 먹는 것을 거의 모두 먹는다. 사람도 먹기 부족한 옥수수, 감자, 콩을 먹여야 한다. 또 뜨거운 사막에서 돼지가 살아남으려면 시원한 그늘과 물도 많이 필요하다. 그러니까 돼지고기를 먹지 못하게 함으로써 기르지 않는 편이 훨씬 유리했던 것이다. 반면, 인간이 먹지 않는 풀을 먹고 맛있는 고기와 가죽, 우유를 주는 소, 양, 염소가 돼지보다 더 기르기 좋은 가축이었다.

몽골인의 금기는 무엇일까?

몽골은 대초원의 나라, 칭기즈 칸의 나라로 잘 알려져 있다. 중국과 러시아 사이에 있으며, 국토는 넓은 데 비해 인구는 200만 명이 조금 넘는다. 몽골에서는 여덟 명 이상 아이를 낳으면 나라에서 상금과 메달을 준다고 한다.

그런데 몽골 사람들은 절대 하지 말아야 할 '금기'를 철저히 지키며 산다. 마치 여러분이 붉은색 펜으로 자신의 이름 쓰기를 꺼리는 것처럼 그들도 꺼리는 행위가 있으니 몽골을 여행할 때에는 조심해야 한다.

몽골에서는 물속에 오줌이나 재 같은 부정하고 불결한 것들을 버리면 안 된다. 국토 대부분이 강수량이 500mm도 안 되는 건조한 몽골의 사람들이 물을 소중히 여기는 것은 당연하다. 몽골인은 물과 풀을 따라 이동하기 때문에 물은 이들에게 아주 신성한 것이다. 몽골에서는 강이나 호수 이름 뒤에 어머니(eke)나 성스러움(arigun)이라는 어휘가 많이 붙는다.

몽골에서는 화로의 불을 꺼뜨려서는 안 된다. 칼을 불 속에 집어넣거나 칼로 불을 흐트러뜨리거나, 불을 뛰어넘거나 불 위에서 물건을 자르거나 해서는 안 된다. 불씨가 사라지면 요리도 할 수 없을뿐더러 해 떨어진 추운 초원에서 생활하기도 어렵기 때문에, 아마도 불씨는 목숨처럼 소중했을 것이다. 이들에게 '불씨를 꺼뜨리고 불을 없앤다.'라는 말은 당신의 가족을 모두 몰살하겠다는 저주와 같다. 또 몽골에서는 장례식에 참석한 사람이 집으로 돌아올 때 두 개의 불 사이를 지나는 풍습이 있는데, 이는 불이 재난과 귀신을 쫓고 부정을 제거한다는 종교적 믿음 때문이다. 오늘날에도 불에 대한 금기는 엄격히 지켜지고 있다.

몽골에서는 우리나라의 두루마기 같은 '델'이라는 외투를 입는데, 델은 절대 빨지 않는다. 몽골인들은 말을 타기 위해, 그리고 초원에서 모기나 파리의 습격을 막기 위해 델을 입는다. 전설에는 몽골인이 옷을 빨아 햇빛에 말리다가 벼락을 맞아 죽었다고 한다. 벼락이 무섭긴 무섭겠지만 이런 전설 때문에 델을 빨지 않는다기보

델을 입은 몽골 소년

다 몽골에서는 옷감이 부족하여 많은 옷을 해 입을 수는 없고, 모피나 솜옷은 빨면 옷이 본모습을 잃기 때문일 것이다. 또 자주 빨래를 하면 식수원이 더럽혀질 수 있기 때문에 특히 델과 같은 모피옷은 빨지 않았던 것이다. 물론 속옷은 빨아 입는다.

몽골인은 채찍으로 사람을 가리키거나 물건을 건드리는 행위, 채찍을 가지고 남의 집에 들어가는 행위를 금기시한다. 이것은 주인을 무시하는 행위로 간주한다. 그 밖에도 개를 때리거나 우유나 음식을 땅에 버려서는 안 된다. 외국인이 아이들의 머리를 손으로 만지는 것도 싫어한다. 낯선 사람이나 외국인을 불결하다고 생각하기 때문이다. 몽골인들은 문지방에 서는 것을 아주 싫어한다. 이는 우리나라, 중국의 화북 지방, 러시아 등에서도 보이는 관습이다. 문지방을 밟는 것은 주인의 목을 밟는 것으로 간주한다.

황인종, 흑인종, 백인종 중 누가 우월할까?

남아프리카 공화국에는 아파르트헤이트라는 철저한 인종 차별 정책이 있었다. 지금은 사라졌지만 1990년대 초까지도 존재한 정책이었다. 아파르트헤이트는 모든 사람을 백인, 흑인, 유색인, 인도인으로 나누어 인종별로 거주지를 분리하고 결혼도 금지하는 등 극단적인 차별을 하였다. 당시 영국계 백인들은 그것은 차별이 아니라 '분리에 의한 발전'이라고 말도 안 되는 소리를 하며, '백인이 최고'인 나라를 만들었다.

정말 백인이 최고일까? 이 말에 대해 우리나라 사람들은 별로 인정하지 않을 것이다. 그런데 당시 남아프리카 공화국에 있었던 백인들을 포함해 많은 백인들이 유전적으로 백인은 가장 우월하다고 생각했다고 한다. 그러고 보니 천재 물리학자 아인슈타인도 백인이고, 발명왕 에디슨도 백인이다. 그럼 한번 따져 보자.

원래 인종은 피부색, 머리카락 색깔과 형태, 두상 등을 바탕으로 생물학에서 생물체들을 분류하기 위해 고안한 종의 개념을 차용해서 만든 것이었다. 그런데 19세기 말 백인들은 인종의 차이를 지능이나 능력의 차이, 문화의 열등함과 우월함으로 연결하여 자신들의 특권을 합리화했다. 백인 우월주의가 판을 쳤던 19세기 말 미국에서는 백인과 다른 인종 간의 결합은 유전적 퇴행이라고 생각하여 결혼도 금지하였다. 이에 따라 순종 백인만이 시민의 권리를 가질 수 있었고, 흑인뿐 아니라 백인과 흑인 사이에서 태어난 아이들도 모두 흑인으로 간주하고 사생아로 규정하였다.

하지만 과학이 발전하면서 실제로 인종의 차이는 없다는 것이 밝혀졌다. 황인종, 흑인종, 백인종이라고 분류되었던 인종 간의 유전자 차이는 0.012%에 지나지 않고 나머지는 모두가 같다. 그 0.012%의 차이도 지능이나 능력이 아니라 피부색, 머리색, 눈동자 색의 차이라고 한다. 백인들은 그들한테 유리하게 멋대로 이론을 만들었던 것이다. 지금 초강대국 미국의 대통령 오바마는 흑인 혼혈이고, 농구 황제 마이클 조던, 팝의 황제 마이클 잭슨은 흑인이다. 그런데 아직도 인종 차별적 사고를 하는 사람이 많다. 사실 인종이란 말조차도 사라져야 할 용어이다. 인류는 모두 똑같은 호모 사피엔스 사피엔스니까.

세계의 인구와
도시 이야기

세계 인구의 절반이 있는 네 곳은 어디일까?

사람들은 지구 곳곳에 골고루 흩어져 살기보다 몇 군데에 집중적으로 모여 산다. 그곳이 어디일까? 그곳은 70억 지구촌 인구 중 50억 명이 사는 유라시아 대륙에 있다. 바로 동부 아시아, 동남아시아, 남부 아시아, 그리고 서부 유럽이다. 대표적인 나라로는 중국, 인도, 인도네시아 등이다.

동부 아시아에서 중국은 인구가 13억 명이 넘는데, 특히 해안과 황허 강, 창장 강(양쯔 강), 주장 강 같은 큰 강 주변에 많은 인구가 모여 산다. 중국은 국토가 넓지만 대부분 인구가 그곳에 집중되어 있어서 실질적인 인구 밀도가 높다. 또 동부 아시아에는 인구가 1억 2000만 명인 일본과 약 7500만 명인 남북한이 있다.

남부 아시아에는 인구 11억 명의 인도가 있다. 인도는 2030년이면 중국을 제치고 세계에서 가장 많은 인구를 가진 나라가 될 것이라고 한다. 인도 역시 갠지스 강과 인더스 강을 따라 사람들이 밀집해 살며, 서고츠 산맥과 동고츠 산맥 아래 바닷가에도 많은 사람들이 산다. 남부 아시아에는 인도 외에도 방글라데시, 파키스탄이 인구가 1억 명이 넘는 나라이다.

동남아시아에는 인구가 약 1억 8000만 명인 인도네시아와 1억 이상인 말레이시아가 있다. 이 나라들은 앞으로도 인구가 더욱 늘어날 것이다. 두 나라는 이슬람 국가여서 산아 제한을 하지 않으니까. 동남아시아에는 1억은 안 되지만 태국, 베트남 등 인구가 많은 나라들이 있다.

아, 숨차다. 너무 많은 인구를 짧은 시간에 만났더니 정신이 없다. 그런데 동부 아시아, 남부 아시아, 동남아시아에 인구가 많은 이유는 뭘까? 바로 충분한 물과 경지가 있어서 수천 년 전부터 농사를 지으며 안정된 생활을 할 수 있었기 때문이다. 온화한 기후와 비옥한 토지가 있는 곳이 바로 인간이 바라는 좋은 땅인가 보다.

자, 이제 마지막 한 곳 서부 유럽이 남았다. 서부 유럽은 크지 않은 나라들이 오밀조밀 모여 있지만 기후가 온화하고 산업이 발달하였다. 이곳에는 약 3만 명이 고작 2km² 안에 모여 사는 모나코, 산업혁명이 시작된 영국, 세계적인 공업 국가인 독일과 프랑스 등이 있다. 서부 유럽은 농촌 인구가 많은 아시아 지역과 달리 약 75%의 인구가 도시에 살고 있다.

그 밖에 인구가 많은 곳은 미국의 동부 해안, 멕시코 고원, 적도 주변 아프리카 등이다.

인구가 가장 빠르게 늘어나는 대륙은 어디일까?

한 지역의 인구가 늘어나는 데에는 크게 두 가지 이유가 있다. 하나는 사람들이 아기를 많이 낳고 오래 살아서이고, 또 하나는 다른 지역의 인구가 많이 이사를 오거나 난민들이 몰려들어서이다. 반대로, 죽는 인구가 더 많거나 다른 곳으로 이사 가는 인구가 더 많으면 인구는 줄어든다. 2011년 세계 인구는 70억 명을 돌파했다. 그리고 지금 같은 속도로 인구가 늘어난다면 2100년이면 세계 인구가 약 240억 명이 될 것이라고 한다. 그럼 인구가 가장 무서운 속도로 늘어나고 있는 곳은 어디일까?

오늘날 세계에서 인구가 가장 빠르게 늘어나는 대륙은 아프리카이다. 아프리카는 어떤 대륙보다도 영아 사망률이 높지만 역설적이게도 인구가 늘어나는 속도가 가장 빠른 곳이다. 그건 그만큼 많이 낳는다는 뜻이다. 아프리카에서는 1년 동안 인구 1000명당 약 40명 이상의 아기를 낳는다. 인구 증가율이 낮은 유럽 국가의 경우는 1년 동안 1000명당 약 10명 이하의 아기를 낳고, 우리나라도 서부 유럽과 거의 같은 형편이다.

먹을 것이 충분한 선진국에서 인구가 빠른 속도로 늘 것 같지만 세계 인구 증가는 생각과는 반대로 나타난다. 오히려 가난한 지역의 인구가 빠르게 늘고 있어 그곳에서는 늘어나는 인구를 부양하는 데 큰 어려움을 겪고 있다.

이런 나라들은 대부분 아프리카, 아시아, 라틴아메리카에 있다. 학자에 따라서는 아프리카나 아시아와 같은 가난한 곳에서 여러 가지 질병과 식량 부족으로 예상보다 인구가 크게 늘지 못할 것이라는 주장도 내놓는다. 하지만 지금까지 드러난 통계로는 이 지역에서 인구가 빠르게 늘고 있다.

유럽의 인구 변화

서부 유럽은 출생보다 사망이 많아 인구가 감소해야 하지만 이민 오는 사람들이 많아서 인구가 증가하고 있다. 반면, 유럽연합 결성 이후 동부 유럽의 경우에는 대체로 총인구가 감소하고 있다. 이는 출생율이 감소한 때문이기도 하지만 사회주의 붕괴와 유럽연합의 가입 이후 좋은 일자리가 많고 더 나은 교육 기회가 있는 서부 유럽으로 이동한 인구가 많기 때문이다.

중·남부 아프리카 인구의 기대 수명은?

중·남부 아프리카는 사하라 사막 남쪽의 아프리카를 말한다. 보통 아프리카 하면 대부분 흑인을 떠올리는데, 사실 북부 아프리카에는 백인이 살고 흑인은 중·남부 아프리카에 산다. 중·남부 아프리카에는 우리에게 익숙하지 않은 나라들이 많다. 사람들은 흔히 중·남부 아프리카 하면 가난한 곳이라고 생각한다. 그건 사실이다.

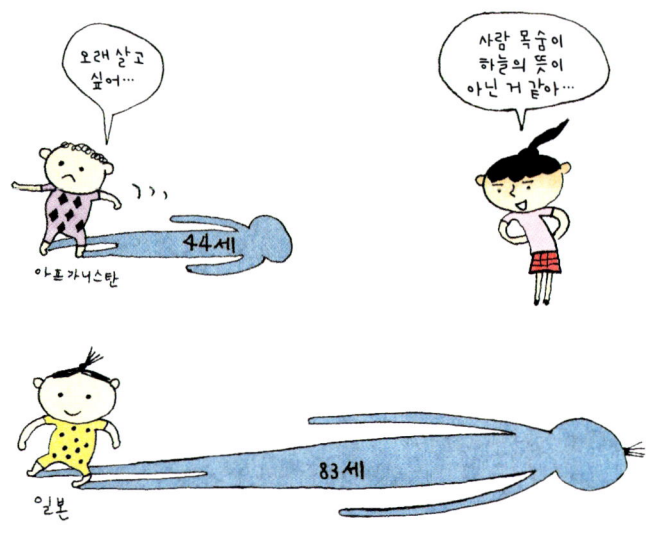

이곳의 많은 나라가 아직도 먹을 것이 부족하고, 마음 놓고 길거리를 다니기에는 치안이 불안하다. 그러다 보니 많은 사람들이 굶고, 병들고, 사고로 죽는다. 이곳의 기대 수명은 고작 40세 정도이다.

　기대 수명이란 지금 태어난 아기가 지금의 의료 수준, 영양 상태 등으로 나타나는 현재의 사망률로 볼 때 몇 살까지 살 수 있을지를 예측해 보는 평균 수명이다. 중·남부 아프리카 사람들은 40세가 되면 할아버지 할머니가 되는 걸까? 그건 아니다. 이곳에도 100세까지 사는 노인이 있고, 회갑 잔치와 칠순 잔치를 할 만큼 나이 먹은 사람들이 있다. 하지만 60세가 넘어가면 많이 죽고, 무엇보다도 어린아이 때 죽는 인구가 많다 보니 평균 수명이 40세가 된다. 쉽게 말해 중·남부 아프리카는 사망률이 높다. 실제로 유아 사망률이 세계에서 가장 높은 곳이 중·남부 아프리카이다. 중·남부 아프리카에서는 태어난 지 1년이 안 된 1세 이하 아기의 연간 사망률이 높아서 1000명의 아기가 태어나면 1년 안에 100명 이상이 죽는다. 영양 결핍과 탈수증, 말라리아 같은 질병으로 죽는다.

그럼, 반대로 기대 수명이 높은 곳은 어디일까? 감 잡았겠지만 80세가 넘는 나이까지 사는 사람들은 서부 유럽, 북아메리카, 오세아니아 등 대부분 선진국 사람들이다. 재밌는 사실은 미국이 캐나다보다 기대 수명이 낮게 나타나는데, 이는 미국 내 살고 있는 인구 중 흑인과 히스패닉 등 소수 민족의 유아 사망률이 평균치보다 2배나 높기 때문이다.

미국은 어떻게 인종의 도가니가 되었을까?

미국은 오늘날 세계에서 가장 다양한 인종이 살고 있는 인종의 도가니로 불린다. 500년 전만 해도 지금의 미국 땅에는 백인도 흑인도 없었다. 오로지 아시아에서 건너간 아메리카 원주민이 주인으로 살고 있었을 뿐이다. 그런데 지금은 미국을 말할 때 피부색으로는 도저히 단정 지을 수 없을 만큼 다양한 사람들이 살고 있다. 도대체 이들은 어디에서, 왜 왔을까?

먼저 서부 유럽, 북부 유럽의 백인들이 미국과 캐나다가 있는 앵글로아메리카로 많이 이동하였다. 이들 중에는 종교 박해를 받던 청교도와 금광이나 은광을 발견해서 부자가 되려는 꿈을 꾸며 온 사람들이 많았다. 특히 영국인들이 많이 이동했는데, 19세기 중반까지 미국으로 이동한 영국인은 자그마치 200만 명 이상이었다. 이는 당시 미국으로 건너간 유럽인의 약 90%에 이르는 숫자이다. 영국인은 미국 외에도 오스트레일리아로도 많이 이동하였다.

이들 유럽인들과 달리 강제로 이주된 사람들도 있었다. 아프리카 대륙 적도의 기니 만 일대에 살던 흑인들은 미국, 브라질, 카리브 해 등 아메리카 전역에 노예로 팔려 갔다. 아프리카 노예 무역은 16세기에 포르투갈이 먼저 시작했다. 자신의 나라에 노동력을 채우기 위해서였다. 신대륙에 발을 디딘 뒤 유럽인들은 아메리카를 경영하기 위해 흑인을 끌고 왔다. 특히 미국으로 흑인을 끌고 온 것은 남부 지방의 목화 재배를 위해서였다. 미국 노예는 19세기에 링컨 대통령이 노예 해방을 선언할 때까지 그 수가 약 1500만 명이나 되었다. 현재 미국에는 약 3000만 명의 흑인이 살고 있다.

20세기 이후에는 아시아에서 아메리카로 많은 인구가 이동을 했다. 중국, 인도, 필리핀, 베트남 등에서 좀 더 나은 삶을 위해 아메리카 드림을 꿈꾸며 이동한 사람들이다. 우리나라 사람들은 1960년대 이후 미국 서부의 로스앤젤레스를 중심으로 많이 이주하였다.

2010년 기준 미국 인구는 총 3억 870만 명이다. 이중 멕시코에서 온 히스패닉계 인구는 10년 전에 비해 크게 증가하여 미국 인구 중 16%를 차지한다. 히스패닉계는 지속적으로 이민이 늘었고, 청·장년층 비중이 높은 데다, 이들의 출산율이 미국 평균보다 높기 때문에 빠르게 인구가 증가하고 있다. 반면, 18세 이하에서 백인 인구는 10년 전에 비해 54%로 낮아졌다. 이 상태가 지속된다면 2023년경에는 백인이 소수인종이 될 것이라고 한다.

★ **아메리카 원주민** : 1492년 아메리카 대륙의 서인도 제도에 도착한 콜럼
버스는 자기가 인도에 온 줄 알고 그곳 사람들을 인디언(indian)이라고
불렀다. 원주민들이 난데없이 인도 사람이라 불린 셈이다. 그후 이 명칭
이 우스꽝스럽다는 것을 알게 되자 사람들은 한동안 이들을 '아메리카 인
디언'이라고 바꿔 부른다. 그러다가 근래에는 아메리카 원주민(Native
American)이라고 부른다.

★ **골드러시(Gold rush)** : 1848년에 캘리포니아 주에서 금이 발견되자 그 소
문이 퍼져 이듬해에는 8만 명이 미국 서부로 몰려갔다. 이는 태평양 연안
지역의 초기 발전에 큰 영향을 미쳤다.

인구가 빠르게 늙고 있는 나라는?

인구가 지나치게 많은 것도 문제이지만 인구가 줄어드는 것은
더 큰 문제이다. 오늘날 선진국 중에는 인구가 이미 감소하거나 앞
으로 감소할 것으로 예측되는 나라들이 있다. 바로 프랑스, 일본,
독일, 한국 등이다. 이 나라에서는 인구가 줄어들거나 빠른 속도로
고령화하고 있다.

인구가 지나치게 많아진다면 국가 전체의 생활의 질을 높이는
데 힘이 든다. 반대로 지나치게 인구가 감소한다면 경제만 아니라
정치, 사회, 문화 등 거의 모든 방면에서 문제가 발생한다. 예를 들
어, 인구가 30% 줄어든다면 100명이 지키던 국방은 70명이 지켜
야 되고, 100명이 일을 하던 사회는 70명이 일하는 사회로 바뀐다.

1990년 이후 일본 경제가 어려워져 오랜 기간 침체 상태에 있다.

여러 가지 이유가 있는데 그중 하나가 출산률 감소로 인구 고령화 현상이 빠르게 나타나고 있기 때문이라고 한다. 이제 이런 문제는 남의 나라만의 이야기가 아니다. 우리나라도 이를 개선하지 못한다면 일본과 같은 어려움을 겪을 수 있다.

그래서 나라마다 출산률을 높이기 위해 여러모로 노력하고 있다. 예를 들면, 산모 입원비를 포함한 출산 비용을 모두 국가가 부담하거나, 또 일반 기업에서 출산·육아를 장려하는 방안을 수립해서 시행하도록 정부가 적극 권고하기도 한다. 또 육아의 경제적 부담과 문제들을 덜어 주기 위해 애를 쓴다.

이런 노력들을 통해 낮은 출산률 문제를 해결해 가고 있는 나라가 있다. 바로 스웨덴, 아이슬란드, 덴마크, 체코 등이다. 특히 스칸디나비아 반도에 있는 스웨덴은 여성에 대한 차별이 적고, 그런 만큼 여성 취업률은 80%를 넘는다. 그러다 보니 이 나라도 낮은 출산률 때문에 인구 감소 문제가 심각했다. 하지만 육아 휴직 제도,

탁아소, 자녀 수당 같은 복지 제도를 개선함으로써 최근 출산률을 높이는 데 성공하고 있다. 개인이 출산과 양육에 대해 대부분을 책임져야 하는 우리나라와 달리 국가와 기업이 많은 부분을 책임져 주기 때문이다.

스웨덴의 육아 정책

스웨덴에서는 돌이 지난 아이는 국가나 시에서 운영하는 질 좋은 탁아소에서 맡아 돌본다. 그런데도 부모가 내야 하는 돈은 우리나라 돈으로 월 10만 원 정도로 현재 우리나라 탁아비의 약 3분의 1 수준이다. 또 엄마에게만 허용되던 육아 휴직이 1990년대부터 아빠에게도 적용되기 시작했다. 스웨덴 남성들은 각 가정에 주어진 육아 휴직일 450일 중 60일을 반드시 사용해야 한다. 또 휴직 중엔 일정한 액수의 임금을 정부가 보전하고, 아이가 18세가 될 때까지 자녀 수당을 지급한다. 사회 전체가 출산과 육아를 더 이상 경제적 부담으로 여기지 않고 오히려 미래를 위한 삶의 필수 조건으로 생각한다.

원시 시대에도 인구 정책이 있었을까?

오늘날 선진국은 인구를 늘리기 위해, 그리고 개발도상국은 인구를 줄이기 위해 온갖 정책을 내놓는다. 인구 문제는 한 개인이 열심히 한다고 해서 되는 것이 아니라 국가적인 차원에서 해야 효과를 볼 수 있다. 전 세계가 인구 문제로 골머리를 앓고 있는데, 혹시 원시 시대에도 인구 문제가 있었을까? 물론 그때도 인구 문제는 있었다.

원시 시대에는 식량이 부족했기 때문에 인구가 크게 늘지 않도록 여러 방법이 동원되었다. 남태평양의 피지 섬에서는 태어난 아이가 2살이 될 때까지 부부의 동거를 금지했다. 피지 외에도 남태평양에는 둘째 이후에 출생하는 아기를 죽이는 규칙을 적용한 부족이 있는가 하면, 홀수 번째 출생하는 아이만 기르고 짝수 번째 아이는 반드시 죽이도록 한 부족도 있었다. 또 일본에서도 '솎음'이라고 해서 부모가 허약한 영아를 죽이는 관습이 있었다.

그 밖에 병들어 약해진 사람이나 늙은 사람을 버리거나 죽이는 관습도 있었다. 부시맨은 유목 생활을 하며 사는데, 이동할 때 노인과 병약자는 그대로 남겨 두고 떠났다. 이때 남겨진 이들에게는 약간의 먹을 것과 물만 주어진다. 이누이트족은 노인은 죽임을 당해도 상관하지 않았고, 아메리카 원주민들도 노인을 살해하는 관습이 있었다. 우리나라도 '고려장'이라고 해서 노인을 내다 버리는 관습이 있었다. 이런 제도나 법은 매우 비인간적이고 잔인해 보이지만, 모두 부족한 식량 문제를 해결하여 사회의 안정을 유지하려는 당시의 사회 현상이었다.

중국은 한 자녀 갖기 정책을 버릴까?

13억 명이 넘는 중국의 인구 문제는 어제 오늘의 이야기가 아니다. 이미 수십 년 전부터 중국은 많은 인구 때문에 국가 발전에 어려움을 겪고 있다고 생각했다. 그래서 일찍 결혼해서 많은 아이를 낳지 않게 하기 위해 1949년에 '아기 신부'를 법으로 금지했다.

아기 신부가 생긴 이유는 신부가 부족했기 때문이다. 한 예로 인구 6200만 명의 장쑤 성은 결혼 적령기의 남자가 여자보다 약 100만 명 가까이나 많았다. 신부가 부족해지자 어린 소녀들까지 혼례를 치렀다. 중국 당국이 결혼 허가 연령을 남자는 22세, 여자는 20세로 정했지만 이 정도로는 숨어서 하는 결혼이나 몰래 낳는 아이들을 통제하기 어려웠고 실제로 큰 효과도 거두지 못했다.

국가의 인구 정책이 잘 먹히지 않자, 중국은 1980년 9월부터 강력한 '한 자녀 갖기 정책'을 실시했다. 소수 민족이나 부모가 모두한 자녀인 경우에는 예외로 두 자녀를 허락했지만, 나머지는 한 자녀만을 인정하는 정책이다. 따라서 둘째 아이부터는 호적 신고를 아예 받지 않고, 교육의 기회도 주지 않는다. 이를 어기고 둘째를 낳으면 다니던 직장에서 쫓겨나거나 수천만 원에 이르는 벌금을 내야 한다. 한번은 남아프리카 공화국 남자와 중국인 여자가 결혼을 해서 둘째 아이의 호적을 중국인으로 올리려 하자 벌금 5000만원을 내라는 정부의 통지를 받고 곧바로 포기했다고 한다.

한 자녀 정책으로 지난 30년간 중국 인구 약 4억 명이 덜 태어났다. 이로써 각 가정에서는 책임지고 부양해야 할 자녀가 적어 그만큼 비용이 덜 들고, 국가적으로는 청장년층의 비중이 상대적으로 높아져서 국가 경제 발전에 보탬이 되었다. 하지만 중국의 한 자녀 정책이 먼 미래에도 국가 경제에 보탬이 될지는 의문이다. 또한 당장 중국의 한 자녀 정책은 여자아이에 대한 낙태로 이어져 2020년에는 약 2400만 명의 젊은 남자가 신부가 없을 거라고 한다.

최근 들어 중국이 더 개방되고 경제가 발전하면서 한 자녀 정책에 대한 반대 의견이 곳곳에서 나오고 있다. 어떤 사람은 "한 자녀정책이 사생활권과 행복추구권을 박탈하는 것"이라고 주장하고, 어떤 사람은 "경제적으로 더 낳을 수 있는데도 국가가 못 낳게 하는 것은 말도 안 된다."고 불만을 털어놓는다. 이들은 모두 두 명 이상의 자녀를 갖기 바란다. 사실 중국도 이제 저출산을 걱정해야 할 수준이 되었다. 중국의 인구는 15억 명에 도달한 후 차츰 감소할 것으로 예측하고 있다. 이는 중국 역시 가까운 장래에 일본, 프랑스, 한국 등이 겪고 있는 고령화 문제로 한 자녀 정책을 유지하기 어려울 수 있음을 말해 준다. 어쩌면 머지않아 중국에서 강력한 출산 장려 정책이 나올지도 모르겠다.

최초의 도시는 어디에서 나타났을까?

최초의 도시가 어디라고 꼭 집어 말하기는 어렵다. 저마다 주장이 다르기 때문이다. 도시의 형태는 기원전 5000년경부터 나타난다. 정착 농경 생활로 생산력이 증대되자 남는 생산물을 관리하고 통치하는 지배 계급이 발생하였으며, 자급자족 생활을 벗어나 상업이 발달하게 된 때이다. 도시는 지배 계급이 거주하며 주변 지역을 통치하고 신에게 제사를 지내는 곳으로, 많은 사람들이 모여드는 곳이었다. 오늘날도 그렇지만 도시는 농촌과 구분되는 공간으로 주로 농사를 짓지 않는 사람들이 사는 곳이라고 말할 수 있다.

도시는 기원전 3500년경 서남아시아의 메소포타미아 지역 유프라테스 강과 티그리스 강 주변에서 시작된 것으로 보인다. 그와 비슷한 시기에 나일 강 유역의 이집트, 황허 강 유역의 중국, 인더스 강 유역의 고대 인도에서 여러 도시가 생겨났다.

보통 메소포타미아의 우르, 에리두, 바빌론, 그리고 이집트 지역의 멤피스, 테베 등이 가장 오래된 도시로 꼽히며, 아울러 가장 번창했던 큰 도시로 기억되고 있다. 고대 도시는 처음에는 씨족 집단으로 시작하였으나 훗날 수만 명의 인구를 가진 도시이자 국가로 성장하였다. 각 도시국가에는 왕이 있었고, 왕은 또한 최고의 권한을 가진 제사장이기도 했다.

한편, 도시국가의 경제를 지탱하는 귀중한 농토는 제사장의 영토로 여겼기 때문에 농민들은 먹고살 만큼만 남기고 많은 생산량을 나라에 바쳤다.

도시는 많은 재물과 재화가 넘치는 곳이었다. 먼 훗날 여러 도시국가가 통합되어 이집트와 같은 대제국이 생겨나자, 기존의 고대 도시는 왕, 관료, 상인, 사제 등이 주로 거주하는 대제국의 중심지로 남는 경우가 많았다.

고대 도시의 인구는 몇 명이었을까?

멤피스는 3000년 전에 이미 인구가 3만 명이 넘었을 것으로 추정될 정도이다. 오늘날에야 3만 명이라고 해 봤자 별로 느낌이 안 오지만, 수천 년 전 세계 인구 중 3만 명은 지금의 100만 명만큼이나 많은 수이다.

기원전 750년경에는 이라크의 바빌론이 최초로 인구 20만 명이 넘는 도시가 되었고, 인도의 파탈리푸트라, 로마 제국의 로마 등도 매우 큰 도시였다. 그럼 역사상 최초로 인구 100만 명이 넘은 도시는 어디일까?

바로 이라크의 수도 바그다드이다. 바그다드는 8세기에 세워진 계획 도시로 당시 시가지의 크기는 지금보다 10배 이상 컸다. 티그리스 강가에 들어선 바그다드는 아프리카, 아시아, 유럽의 물자가 모이는 장소로 큰 부자 도시였다. 도시 하면 유럽이나 미국이 먼저 떠오르지만, 사실 고대 도시는 아시아에서 발전했다. 이런 면에서 아시아인은 자긍심을 가져도 된다.

도시에 사는 인구는 얼마나 될까?

도시가 지구상에 처음 나타난 것은 수천 년 되었지만, 산업혁명이 일어나기 전만 해도 세계 인구 중 도시에 살고 있는 사람은 전체 인구의 3%에 지나지 않았다. 그도 그럴 것이 대부분 농사를 짓거나 유목을 하며 살고 있었으니, 많은 인구가 모여 사는 도시가 그다지 필요하지 않았다.

산업혁명 이후에는 대도시가 북서 유럽이나 아메리카에서도 나타났다. 18세기에 최초로 인구 500만 명이 넘은 도시가 유럽의 영

국에서 생겨났다. 바로 뉴욕, 도쿄, 파리와 함께 최상위 세계 도시
로 일컬어지는 런던이다. 최초로 인구 1000만 명이 넘은 도시는 미
국의 뉴욕이다.

시간이 흐를수록 세계적으로 도시 인구의 비율도 크게 늘어
1950년에는 약 30%의 인구가 도시에 살게 되었으며, 2008년에는
처음으로 농촌이나 어촌에 사는 사람들보다 도시에 사는 사람들이
더 많아졌다. 특히 선진국들은 80% 이상의 인구가 도시에 살고 있
는 경우가 많다.

오늘날 세계에는 300만 명 이상의 인구를 가진 도시가 100개나
된다. 또 500만 명 이상의 인구를 가진 도시는 55개, 1000만 명 이
상의 인구를 가진 도시도 22개나 된다. 인구가 1000만 명 이상인
도시를 좀 살펴볼까? 멕시코의 멕시코시티는 인구가 1800만 명이
나 된다. 더구나 멕시코시티가 해발고도가 높은 고원에 있는 도시
인 것을 생각해 보면 정말 대단하다. 브라질의 상파울루, 인도의 뭄
바이, 인도네시아의 자카르타는 1900만 명이 넘어 2000만 명이 다
되었고, 필리핀의 수도 마닐라도 약 1700만 명이나 된다. 오늘날
세계에서 인구가 가장 많은 도시는 약 3600만 명(2007년)인 일본의
도쿄이다.

★ 세계 도시 : 다국적 기업의 본사, 국제기구 등이 모여 있어 세계 경제와 금
융, 세계 무역 등에서 중심지 역할을 하는 도시를 세계도시라고 한다. 세
계 도시 간에 계층이 나타나는데 뉴욕, 런던, 도쿄 등은 상위 세계 도시이
고 시드니, 상파울로 등은 하위 세계 도시이다.

선진국의 도시화와 개발도상국의 도시화는
어떻게 다를까?

　도시화란 농촌이 도시로, 작은 소도시가 큰 대도시로 변하는 것
이다. 그럼, 선진국의 도시화와 개발도상국의 대도시는 어떻게 다
를까? 선진국은 이미 수백 년간 도시화가 이루어져 기존 대도시가
노쇠했다. 따라서 사람들이 대도시 주변 지역으로 나가는 역도시
화 현상과 또 도시 내부를 재개발함에 따라 오히려 다시 인구가 집
중되는 재도시화 현상이 나타나고 있다. 예를 들어, 영국 런던 도심
의 템스 강변에 있는 '도크랜드'는 20세기 초까지 세계 제1의 항구
였다. 그러나 전통적인 공업의 쇠퇴, 철도ㆍ도로 등 교통의 발달로
1981년에 항구의 기능이 끝나 폐쇄되었다. 하지만 1988년 이후 재
도시화에 따라 초고층 업무용 건물들이 들어서고 1400여 개 기업
이 진출함으로써, 1981년 인구 2만 7000여 명에서 최근 7만 명까
지 증가하였다. 오늘날의 서울이 이와 유사하다.

　반면, 개발도상국의 도시화는 과도시화라고 말할 수 있다. 말만
들어도 벌써 '과하구나!' 하는 생각이 든다. 대체로 개발도상국의
도시는 많은 인구를 먹여 주고 재워 줄 수 있는 능력이 없다. 그런
데 농촌을 떠나 많은 사람들이 도시로 모여들기 때문에 일자리가
부족하고, 무허가 주택이 늘어나고, 환경 오염도 심각해진다. 그뿐
만 아니라 불법 고용, 매춘 등 비공식적 경제 활동이 나타나 사회문
제가 된다. 먼 나라 얘기라고? 1970~1980년대 서울이 그랬다.

노르웨이는 주민이 200명이면 도시로 인정한다

　북유럽의 스칸디나비아 반도 서쪽에 길게 자리 잡은 노르웨이는 인구가 200명만 되면 시(市)로 인정한다. 우리나라가 인구 5만 명 이상에 2·3차 산업 인구 비중 50% 이상을 시(市)급 도시로 인정하는 것에 비하면 노르웨이의 시 설정 기준은 정말 특이하다. 기준을 이렇게 해도 되나 하는 생각이 든다.

　촌락은 도시의 반대말로 농촌, 어촌, 산촌 등을 아울러 가리키는 말이다. 쉽게 말해 시골이다. 반면, 도시는 특정 장소에 인구와 여러 기능이 밀집된 곳이며, 번듯한 도시로 인정받기 위해서는 인구 수뿐 아니라 그곳에 사는 사람들이 주로 어떤 일에 종사하는지, 시

가지 면적은 어느 정도인지 등 기준에 맞아야 한다. 이스라엘에서 시는 주민 2000명 이상에 농사짓는 집이 3분의 1 이하여야 한다. 일본은 주민 수와 함께 시가지 면적이 60% 이상이어야 한다. 시가지의 면적을 따지는 것은 실제로 인구가 충족되어도 그곳이 시라고 하기에 농토가 너무 많다면 시로 인정하기 어렵기 때문이다.

인구 200명 이상이면 도시로 인정하는 나라는 노르웨이 말고도 또 있다. 바로 화산섬의 나라 아이슬란드이다. 아이슬란드는 남한의 면적과 거의 같은 약 10만 km²이지만 전체 인구는 고작 29만 명, 인구 밀도는 3명/km²밖에 되지 않는다. 대체로 인구 밀도가 낮은 나라들, 그러면서도 도시가 잘 발달되어 있는 나라들은 인구가 적어도 시로 규정한다. 이와 같은 조건을 갖춘 나라들은 주로 선진국에서 볼 수 있다. 오스트레일리아와 캐나다는 주민 1000명 이상, 네덜란드는 주민 2000명 이상, 미국은 주민 2500명 이상이 시의 기준이다. 그에 비해 우리나라와 일본은 주민 5만 명 이상, 포르투갈은 인구 1만 명 이상이다. 인구 밀도까지 따지는 나라도 있다. 인도는 주민 5000명 이상에 인구 밀도 390명/km² 이상, 캐나다는 인구밀도 400명/km² 이상이어야 도시로 인정한다.

세계 최초의 그린벨트는 어디일까?

그린벨트는 개발을 제한하여 녹색의 녹지를 그대로 지키라는 '개발 제한 구역'을 말한다. 우리나라에서는 1971년에 처음 서울에서 시작되었다. 그럼 그린벨트로 처음 지정된 땅은 어느 나라에 있을까?

그린벨트의 필요성을 알면 떠오르는 몇 나라가 있을 것이다. 그린벨트 제도는 산업화와 함께 도시가 발전하는 과정에서 산, 강, 숲 등 자연이 파괴되어 결국 도시 자체도 인간이 살기 어려운 곳으로 변하자 이에 대한 대책으로 만든 것이다. 그래서 대도시 주변의 자연 녹지를 더 이상 개발하지 못하게 법으로 정했다. 실제로 나라마다 그린벨트는 대부분 대도시 주변에 있다.

이 정도면 감 잡았으리라 생각한다. 그린벨트를 처음 지정한 나라는 산업화와 도시화로 환경 파괴와 오염이 심각했던 바로 '영국'이다. 그린벨트라는 말도 19세기 말에 영국의 도시 개혁 운동가인 하워드가 도시 문제에 대해 고민하고 미래의 전원도시를 구상하는 과정에서 나온 말이다.

영국은 1938년에 '그린벨트법'을 제정하였고, 런던 주변에 너비 10~16km의 그린벨트를 설정하였다. 그 후 런던 이외의 도시에서도 그린벨트를 설치하였고, 오늘날까지 유지하고 있다. 1970년 이후에는 주민들의 요구로 그린벨트 면적이 과거보다 2배나 증가했다. 런던의 경우 그린벨트 면적이 1970년대에 비해 1990년대에는 2.8배나 증가했다. 이것이 괜찮은 제도라고 생각했는지 현재 영국은 전체 면적의 약 12%가 그린벨트이다.

그린벨트 제도는 다른 나라로 퍼져 나갔는데, 특히 독일은 전 국토가 그린벨트라고 해도 지나치지 않을 정도로 세계에서 가장 강력하게 개발을 규제하고 있다.

메갈로폴리스 그다음에는 어떤 도시가 나타날까?

메갈로폴리스는 고대 그리스의 아르카디아 지역 남부에 선설한 거대 도시를 가리키는 말이다. 미국 동부에 가면 보스턴에서 워싱턴까지 자동차로 9시간이나 걸리며, 약 1억 명 가까운 인구가 살고 있는 곳이 있다. 이곳이 바로 지구 최초의 메갈로폴리스이다. 프랑스 지리학자 고트망이 미국 동부의 도시를 연구하다가 이곳에 줄지어 발달한 대도시 무리를 보고 '메갈로폴리스'라고 이름 붙였다.

지금은 미국 동부 외에도 미국의 시카고를 중심으로 하는 메갈로폴리스, 유럽의 런던·파리 등을 중심으로 하는 메갈로폴리스, 일본의 도쿄를 중심으로 하는 메갈로폴리스 등이 더 있다. 또 중국의 동부 해안가를 따라 대도시가 발전하면서 상하이를 중심으로 하는 메갈로폴리스가 생겨나고 있다. 특히 미국, 유럽, 일본의 메갈로폴리스는 뉴욕, 런던, 도쿄처럼 세계 도시를 끼고 있다. 세계 도시는 언제나 전 세계와 대화하고 있는 최상위 도시이며, 특히 경제적으로 세계에 큰 영향을 미치는 도시이다.

우리나라의 서울-인천-경기도 지역도 인구 2000만 명의 메갈로폴리스이다. 이렇게 거대한 도시들은 하나의 도시권으로 다시 태어나면서 지속적으로 성장한다. 따라서 이곳은 전체 면적에 비해 인구가 지나치게 많고, 이에 따라 높은 빌딩이나 여러 시설이 집중하여 과밀화 현상이 나타나는 곳이다. 또 공해, 교통난, 주택난 같은 도시 문제가 심각한 곳이다. 만약 이런 문제들을 해결하지 못하고 계속해서 덩치만 키워 간다면 메갈로폴리스 그다음에는 어떤 도시가 나타날까? 그다음은 '네크로폴리스'라는 주장이 있다. 네크로폴리스(necropolis)는 '죽음의 도시'를 말하며, 공룡처럼 거대한 도시인 메갈로폴리스가 자신이 가지고 있던 도시 문제 때문에 고통을 견디다 못해 결국은 해체되고 죽는다는 뜻이다. 네크로폴리스라는 말 자체도 '죽은 자의 도시'를 뜻하는 그리스어 'nekropolis'에서 따왔다.

최고의 세계 도시 '뉴욕'

뉴욕의 국제 통화량을 보면 왜 뉴욕이 세계 최고의 세계 도시인지 알 수 있다. 뉴욕 시민의 통화 대상국은 영국, 인도, 멕시코, 브라질, 중국, 일본, 오스트레일리아, 나이지리아 등 전 세계 200개국에 이른다. 뉴욕의 시민은 전 세계 모든 나라의 사람들과 수시로 대화하고 있다는 뜻이다. 뉴욕에서 해외로 거는 전화를 한 달간 조사한 결과 뉴욕의 총 통화량에서 유럽과의 통화량이 차지하는 비율은 25%나 되었다. 인도와의 통화량은 주변에 있는 버몬트 주나 아이다호 주보다도 더 많은 3%이다. 라틴아메리카 가이아나의 경우 뉴욕 이민자가 많아 상대적으로 뉴욕과의 통화량이 많았다. 반면, 아프리카는 대륙 전체를 합쳐도 5%도 되지 않았다.

지친 도시에 기운을 넣는 새로운 방법은?

인터넷으로 각 시의 홈페이지에 방문하면 'Hi! Seoul', 'Dynamic Busan' 같은 브랜드 슬로건을 볼 수 있다. 브랜드는 라틴어로 '각인시키다'라는 의미를 지니며 이집트 벽돌공이 피라미드 돌에 자기 이름을 새긴 데서 유래되었다.

도시 브랜드 작업을 처음 시작한 곳은 미국의 뉴욕이다. 1970년대 오일쇼크로 뉴욕 경제가 침체하였다. 이런 어려움을 극복하려는 목적으로 뉴욕을 친근한 느낌이 들면서도 희망을 주는 곳으로 알리기 위해 도시 이름 자체를 브랜드화한 'I♥NY'라는 로고를 만들었다. 이 로고는 여러 상품에 사용되었고 이후 관광객이 늘었으며, 기업의 이미지도 좋아졌다. 무엇보다 '도시 브랜드'를 통해 뉴욕 시민들의 자긍심과 지역에 대한 만족도가 높아지게 되었다.

한편, 새로운 도시의 삶을 모색하고자 하는 것이 슬로시티이다.

도시 브랜드

'빨리빨리'를 외치고 빨리 하는 것이 자랑인 우리나라에서 느리게 살자는 목소리가 차츰 커지고 있다. '느리게 사는 도시'의 시작은 1999년 이탈리아의 '그레베인 키안티'였다. 대도시로 떠났던 젊은이들이 실망한 모습으로 고향으로 돌아오자 시장이 젊은이에게 용기를 주고, 자연과 마을을 살리기 위해 '느리게 살기' 운동을 시작하였고 햄버거 같은 '패스트푸드' 대신 그들의 전통 요리를 천천히 먹는 '슬로푸드' 운동을 펼쳤다. '느림'은 불편함이 아니라 전통과 자연을 사랑하고 기다릴 줄 아는 것이다.

슬로시티의 공식 명칭은 치타슬로(Cittaslow)다. 2009년 현재 16개국, 111개 도시가 슬로시티로 지정돼 있으며, 슬로시티로 선정되면 관광 명소로 전 세계에 알려진다.

슬로시티 선정 조건

슬로시티 선정 조건은 제법 까다롭다. 예를 들면, 인구가 5만 명 이하의 지역이어야 하고, 자연생태계가 철저히 보호돼야 하며, 지역 주민이 전통 문화에 대한 긍지를 갖고 있어야 한다. 또 유기농법에 의한 지역 특산물도 있고, 대형 마트나 패스트푸드점도 없어야 한다. 슬로시티로 선정되면 4년마다 재심사를 받는다.

국제슬로시티연맹(cittaslow International)이 인정한 슬로시티는 2011년 10월 말 현재 24개국 147곳이며, 우리나라에도 10곳이 있다. 전남 신안군 증도, 완도군 청산도, 담양군 창평면, 장흥군 유치면은 2007년, 경남 하동군 악양면, 충남 예산군 대흥면은 2009년, 전북 전주시 한옥마을, 경기 남양주시 조안면은 2010년, 경북 청송군 파천면, 상주시 이안면은 2011년에 지정됐다.

파리에는 왜 높은 건물이 없을까?

　하늘에서 본 파리는 아름답다. 파리의 개선문을 중심으로 사방으로 뻗어 나간 12개의 도로를 보면 예술의 도시답다는 생각이 든다. 세계 어디를 가나 도시마다 나름대로 도로망을 갖추고 있다. 미국의 뉴욕이나 멕시코의 멕시코시티는 바둑판처럼 직교 모양의 가로망을 가지고 있다.

　러시아의 모스크바에도 파리처럼 하나의 중심에서 사방으로 뻗어 나간 방사형 도로망이 있다. 이런 도로망을 가진 도시는 주변에서 중심으로 오고 가기가 쉽다. 하지만 그 대신 중심에서 교통 혼잡이 심하다는 단점도 있다. 뭐, 어떤 일이고 장점과 단점이 있는 법이다!

파리의 방사형 도로

파리의 독특한 모습은 도로망뿐만이 아니다. 파리는 뉴욕, 런던과 어깨를 나란히 하는 세계 도시임에도 뉴욕처럼 하늘을 찌를 듯한 초고층 건물이 거의 없다. 그래서 많은 관광객들이 파리가 전통과 멋을 아는 도시라고 칭찬을 아끼지 않는다.

실제로 파리 시민들은 초고층 건물로 도시가 바뀌는 것을 별로 원하지 않는다. 그만큼 그들은 파리에 대한 자긍심이 강한 것이다. 그래서 파리를 보면 에펠 탑과 몽파르나스 타워 정도만 도시에서 하늘을 향해 우뚝 솟아 있을 뿐 초고층 건물이 없다. 이는 법으로 정해 놓았기 때문이다. 하지만 궁금한 게 있다. 파리 시민이 전통을 중시하고 수백 년 된 건물을 소중히 여기는 것까지는 이해 가지만, 그러기에는 파리가 정치·경제·문화적으로 세계에 미치는 영향이 크다. 따라서 더 많은 기업이 들어오고 더 많은 인재들이 모여 살고 싶어 할 것이다. 그러려면 높은 건물을 지어야 할 것 같다. 규제를 풀어 달라고 인터넷으로 파리 시장님한테 편지라도 한 통 쓸까?

그럴 필요 없다. 파리에 높은 건물이 거의 없는 데에는 또 다른 이유가 있다.

파리는 석회암으로 된 땅 위에 건설된 도시이다. 석회암은 바다에서 조개껍데기와 여러 고기의 뼈가 섞여 퇴적되어 만들어진 돌이다. 석회암은 콘크리트 건물을 지을 때 쓰이는 시멘트의 원료이지만 기반암 상태에서 석회암은 지하수가 구멍을 숭숭 파 놓아 골다공증 뼈와 같은 모습을 하고 있을 것이다. 그러니 부서지기 쉽다. 지하수나 빗물에 잘 녹는 석회암 지역은 댐을 건설하기에도 부적합하다. 몇 해 전 우리나라에서 동강 댐을 지으려다 시민들이 반대

해 포기한 적이 있다. 당시 시민들의 주장은 동강댐 주변이 석회암 지역이기 때문에 위험하다는 것이었다.

게다가 파리의 지하에는 석회암 사이로 2000km가 넘는 하수도 터널이 여기저기를 지나고 있다. 초고층 건물을 짓기 위해서는 기초를 깊게 파야 하는데 함부로 굴삭기를 댔다가는 지금 있는 건물들이 무너질 수도 있다.

칠레의 산티아고는 왜 두 얼굴을 하고 있을까?

세계에서 남북으로 가장 긴 나라 칠레의 수도는 따뜻한 온대 기후를 가진 산티아고이다. 칠레는 우리나라에서 태평양을 건너 한참을 가야 하는 거리로 보았을 때 비행기 표 값이 가장 비쌀 것 같은 라틴아메리카에 있다.

라틴아메리카는 식민지 지배를 오래 받았기 때문에 그 흔적이 남아 있다. 멕시코의 수도 멕시코시티나 아르헨티나의 수도 부에노스아이레스 등에서는 유럽의 여러 도시에 있는 것과 같은 방사형 도로망이나 아름다운 건물들을 볼 수 있다.

칠레의 산티아고에도 도심의 넓은 광장을 중심으로 대성당과 같은 유럽식 건물들이 보인다. 그래서 마치 유럽에 온 것 같은 착각을 불러일으킨다. 광장은 유럽의 가장 대표적인 도시 모습이다. 하지만 유럽의 도시와 라틴아메리카의 도시는 다르다. 도심이나 과거 유럽인이 살던 마을을 벗어나면 곧 낡고 허름하고 냄새 나는, 그래서 아주 무질서하게 보이는 도로와 건물, 가옥들이 나타난다. 시간

칠레 산티아고 시내와 슬럼가
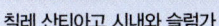

과 공간을 초월한 느낌을 주는 산티아고는 두 개의 얼굴을 가진 도시라는 말이 가슴에 와 닿는다.

라틴아메리카의 도시 주변이 이처럼 무질서한 이유는 뭘까? 그건 유럽으로부터 독립한 뒤 체계적인 도시 계획을 세워서 도시가 커진 것이 아니기 때문이다. 이런 도시의 두 얼굴은 멕시코의 수도 멕시코시티에서도 찾아볼 수 있고, 아르헨티나의 수도 부에노스아이레스에서도 볼 수 있다.

물의 도시 베네치아는 왜 가라앉고 있을까?

동화 속의 도시, 바가지의 도시, 소설 『베니스의 상인』에 나오는 도시, 해마다 8월 말부터 9월 초까지 열리는 베니스 영화제로 유명한 도시 베니스는 '베네치아'의 영어식 이름이다.

이탈리아 북동부에 위치한 베네치아는 120여 개의 섬과 그 섬들을 연결하는 170여 개의 운하, 400여 개의 다리로 이루어진 물의 도시이다. 이 도시는 만의 입구에 모랫둑이 발달하면서 자연스럽게 만들어진 베네치아 석호에 들어섰다.

베네치아는 6세기 중반 이민족에게 쫓긴 랑고바르드족 피난민들이 베네치아 만 기슭에 만든 작은 마을이었다. 하지만 해상 무역의 본거지로 성장하면서 10세기 말에는 이탈리아에서 손꼽힐 정도로 부강한 도시가 되었다.

오늘날에는 주민보다 관광객이 훨씬 많다. 2007년 기준으로 주민이 6만 명인데, 그해 관광객은 2100만 명이었다. 그런데 이곳 주민들은 불만이 크다. 다른 도시들이 관광객을 모으려고 홍보에 열을 올리는 것과는 달리 '관광객 수를 조절하자, 관광객들에게 세금을 물리자, 부활절이나 축제 때는 피해서 방문하도록 요구하자' 등을 외친다.

실제로 베네치아는 수많은 사람들로 북적대지만 정작 주민 수는 감소하고 있는 독특한 곳이다. 많은 관광객이 몰리는 기간에는 시민들이 버스나 지하철 같은 대중교통을 이용하기가 매우 불편해진다. 또 생활비가 너무 많이 드는 것도 베네치아에서 살기 힘든 이유 중 하나이다. 식료품과 같은 필수품은 물론 쓰레기 수거 비용조차 비싸져 정말 살기가 힘들다. 게다가 1999년에 주거용 건물을 호텔이나 모텔 같은 것으로 바꿀 수 있도록 해서 주택 부족 현상이 심해졌다. 그래서 이곳의 집값은 이탈리아 다른 지역에 비해 훨씬

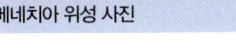
베네치아 위성 사진

비싸다.

베네치아는 S자형 운하가 시가지 중앙을 가로지르고, 섬과 섬 사이의 수로가 중요한 교통로가 되어 독특한 시가지를 이룬다. 자동차도 시내에는 들어올 수 없다. 베네치아 주요 교통수단은 수상 버스와 수상 택시, 곤돌라가 전부이다. 11세기부터 운행했다는 노 젓는 배 '곤돌라'는 이곳의 독특한 풍경이다.

그런데 베네치아가 조금씩 가라앉고 있다. 지반이 내려앉고 있기 때문인데, 19세기 이후 산업화를 거치면서 무분별하게 지하수를 개발한 것이 큰 원인이라고 한다. 바닷물이 도시로 많이 들어올 때는 1.5m까지 수면이 상승하여 도시의 일부가 물에 잠긴다.

현재 이탈리아에서는 '모세 프로젝트'를 통해 베네치아 앞바다에 해수면의 높이에 따라 수문이 자동 조절되는 공사를 진행하고

있다. 그런가 하면, 땅속에 바닷물을 주입해 도시 전체를 들어 올리는 방안도 고민하고 있다. 도시 밑 석호 바닥 약 600~800m 아래로 바닷물을 주입하면 25~30cm가량 지반이 상승하게 하게 된다는 계산이다. 하지만 이런 계획이 실패한다면 100년 후쯤에는 사람들이 살기 어려운 곳으로 변할 것이라고 전망한다.

인도 뭄바이는 왜 볼리우드로 불릴까?

인도는 아시아 대륙에서 남반구를 향해 혀를 메롱하고 있는 모양의 땅이다. 서고츠 산맥에서 아라비아 해로 튀어나온 거대한 땅 인도. 그 인도의 최대 도시가 바로 뭄바이이다. 옛날에는 봄베이로 불렸으나 1995년에 뭄바이로 이름을 바꿨다. 고대 그리스의 프톨레마이오스 세계 지도에 나와 있는 뭄바이 지역은 7개의 작은 섬에서 토착민들이 고기잡이하며 살던 곳이다. 500년 전, 포르투갈이 지배하던 뭄바이 섬은 영국에게 넘겨졌다. 포르투갈 왕의 여동생과 영국의 왕자가 결혼을 하게 되면서 포르투갈이 영국에게 선물로 준 것이다. 그리고 왕자는 영국의 동인도 회사에 금화를 받고 7개의 섬을 팔았다. 동인도 회사는 이곳에 항구 도시를 건설한다. 사람도 일이 잘 풀리려면 운이 따라야 한다고 하는데, 뭄바이 역시 우연한 계기가 발생한다. 그것은 바로 1861~1865년에 일어났던 미국의 남북 전쟁이다.

남북 전쟁이 일어나 미국 남부에서 목화 생산이 어려워지자, 인도 목화를 찾는 곳이 많아졌다. 인도의 데칸 고원은 목화 재배에 유리한 기후를 가졌기 때문에 대규모로 목화 생산을 할 수 있었다. 이런 우연에 힘입어 뭄바이는 데칸 고원의 목화가 모이고 팔려 나가는 항구로 더욱 발전하게 된다. 그리고 19세기 중반 수에즈 운하가 뚫리면서 인도에서 유럽으로 가는 지름길 위에 위치한 뭄바이는 더욱 발전하게 되었다.

오늘날에도 원료 수출과 제품 수입 등 인도 전체 무역량의 3분의 1이 뭄바이 항을 통해 오가고 있다. 목화와 함께 성장한 뭄바이는 인구 2000만 명의 대표적인 섬유 공업 도시가 되었다.

오늘날 뭄바이는 볼리우드의 도시로 더욱 발전하고 있다. 볼리우드(Bollywood)에서 '볼리'는 인도의 봄베이, '우드'는 미국의 할리우드에서 따온 것이다. 볼리우드는 곧 인도의 영화 산업을 일컫는 말이다. 인도 지도를 보면 활같이 굽은 해안선을 따라 도시들이 발달해 있는데, 이 도시의 거리마다 '볼리우드'의 최신 영화 입간판이 줄지어 서 있다.

영화 〈볼리우드/할리우드〉의 한 장면

뭄바이

최근 들어 인도 영화 자본은 할리우드의 큰손으로 떠오르고 있다. 미국 30여 개 도시에 250개가 넘는 극장을 사들일 정도이다. 영국의 오랜 지배를 받은 인도 사람들은 영어를 잘 구사한다. 그래서인지 미국 배우들이 인도 영화에 출연하는 일이 자연스럽게 받아들여지고 있다. 볼리우드는 인구 증가와 소득 증가로 자체 시장이 커지고 있다. 볼리우드가 할리우드와 손을 잡는다면 인도의 영화 산업이 더욱 발전할 것이다.

쿠리치바를 왜 '세계에서 가장 창의적인 도시'라고 할까?

1990년대 이후 수많은 언론 매체들이 찬사를 보낸 도시가 있다. 유엔환경계획(UNEP)으로부터 '우수 환경 및 재생상'을 받았고, '세계에서 가장 창의적인 도시'로 선정된 도시이다. 미국의 타임스는 이 도시를 '지구에서 환경적으로 가장 올바로 사는 도시'라고 극찬하였다. 그 밖에도 '세계에서 가장 현명한 도시, 희망의 도시'로 불리는 이 도시는 바로 뉴욕이 아닌 쿠리치바이다.

더욱 놀라운 것은 세계의 모범이 되는 쿠리치바가 개발도상국 브라질의 도시라는 사실이다. '쿠리치바'라는 말은 '소나무가 많은 곳'이라는 뜻이다. 쿠리치바는 브라질 남동쪽, 해발고도 900m의 고원에 있다. 17세기 금광 개발과 함께 건설되어 포르투갈, 이탈리아 등에서 많은 유럽인이 들어와 살기 시작하였고, 19세기에는 파라나 주의 주도가 되면서 더욱 발전하였다. 그런데 1950년대 들어

도시가 무분별하게 개발되고 인구와 자동차가 급증하였다. 이후 1970년대 초까지 쿠리치바는 실업과 극심한 빈곤, 주택 문제, 교통 문제, 도시 쓰레기 문제로 히덕였다. 이는 물론 제2차 세계대전 이후 독립한 아시아, 아프리카, 라틴아메리카의 많은 도시들이 겪는 공통적인 문제이기도 했다.

하지만 쿠리치바는 1970년대 초부터 쓰레기 재활용, 새로운 교통 시스템 도입, 나무심기 등에 애써 1990년대에 쾌적한 생태 도시로 거듭나게 된다. 쿠리치바는 아이부터 어른까지 환경 교육을 철저하게 실시했다. 그리고 재활용 쓰레기를 가져가면 시는 쌀, 콩, 감자 같은 식품이나 버스표, 책 따위로 바꿔 주었다. 이러다 보니 쿠리치바는 소각장을 짓지 않고도 쓰레기를 깨끗이 처리할 수 있게 되었다. 재활용은 쓰레기에서 멈추지 않아 탄약고가 연극관으로, 본드 공장이 창조성 센터로, 오래된 큰 집이 시민들의 문화 센

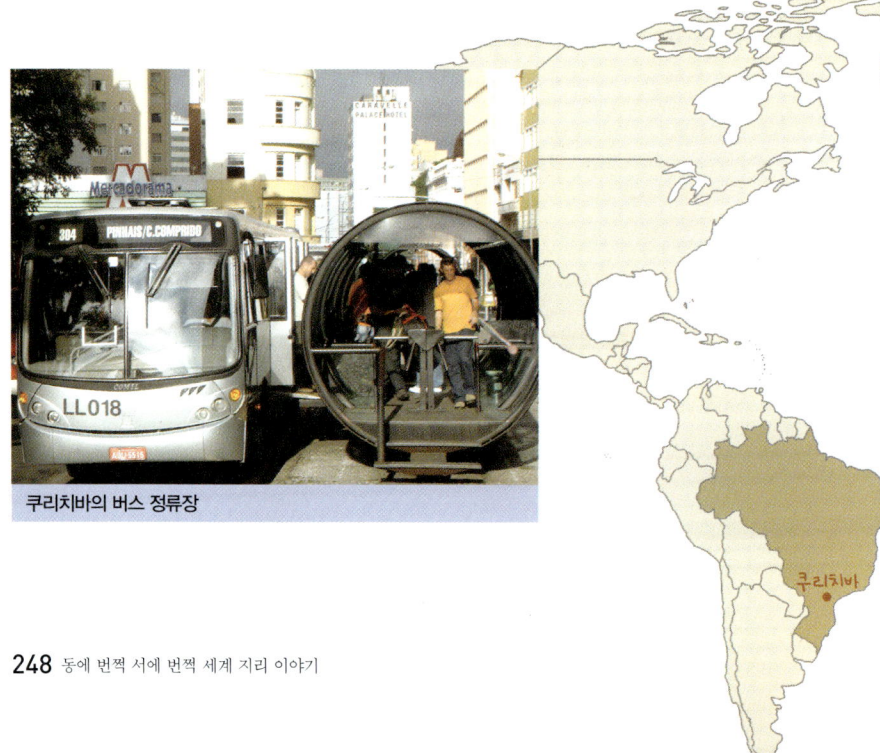

쿠리치바의 버스 정류장

터로 다시 태어났다.

또 쿠리치바의 교통 시스템은 참 독특하다. 인구가 170만 명인 쿠리치바에는 돈이 많이 들고 건설 기간도 긴 지하철이 없다. 그 대신 3중 도로 시스템 제도를 도입했다. 3중 도로 시스템이란 차도가 3가지로 구분되어 있는 것이다. 즉, 일반 승용차와 택시가 다닐 수 있는 도로, 직행 버스 도로, 일반 버스 도로로 나누어져 있다.

이 시스템으로 버스 전용 차선이 생기자 버스도 지하철처럼 정확한 시간에 출발하고 도착할 수 있게 되었다. 또 버스에 타기 전에 요금을 지불하여 버스가 정류장에서 머무는 시간을 크게 줄였다. 또한 거리에 관계없이 같은 요금을 내는 '단일 요금제'를 채택하여 도시 외곽에 사는 가난한 사람들의 요금 부담을 줄였다. 버스도 여러 종류가 운행되는데, 한 번에 최대 270명까지 탈 수 있는 굴절 버스는 이곳의 명물이다.

이런 제도가 실시되면서 시민들은 도시의 극심한 교통 체증으로부터 자유로워지게 되었다. 우리나라의 버스 전용 차선 제도는 바로 쿠리치바를 모델로 한 것이라고 한다. 쿠리치바는 버스 중심의 대중교통 체계를 확립하여 교통사고와 소음, 대기 오염을 줄였을 뿐만 아니라, 녹색 교통인 보행과 자전거를 위해 자동차 도로를 축소하고 지하도와 육교를 건설하지 않았다.

우리가 싫든 좋든 도시를 떠날 수 없다면, 도시 문제로 몸살을 앓고 있는 우리에게 쿠리치바는 따라야 할 모범 답안이 아닐까?

푸른 도시, 쿠리치바

쿠리치바가 창의적인 도시로 불리는 이유는 또 있다. 이곳에서는 가난한 사람들이 생계를 꾸릴 수 있도록 농사를 권장하고, 농산물 판매도 도와준다. 빈곤층 아이들을 위해 하루 세 끼를 무료로 급식하는 '전인 교육 센터'도 있다. 또 빈민에게 기술을 가르치기 위해 싼 수업료로 여러 가지를 다채롭게 배울 수 있는 버스 순회 교육을 실시하고 있다. 그 밖에도 집이 필요한 사람은 정부가 제공한 자재와 기술자의 도움으로 스스로 집을 지을 수 있도록 했다. 쿠리치바는 시 차원에서 나무를 심고 하천의 자연적인 흐름을 호수로 유도해서 홍수를 막았을 뿐만 아니라, 호수 주변을 공원으로 만들어 1인당 녹지가 52㎡(유엔 권장 수치의 4배 이상이다.)에 이를 정도로 푸른 도시가 되었다.

7

세계가 풀어야 할
과제 이야기

인간들은 사막을 그만 만들어라!!!

STOP

사헬지대

생물종의 다양성은 왜 지켜야 할까?

1858년, 남아프리카의 초원에서 살던 반쪽 얼룩말 콰가의 '콰아콰아' 하는 울음소리가 그쳤다. 그 울음소리 때문에 이름도 '콰가'였던 귀여운 동물이 아프리카 땅에서 사라진 것이다. 그리고 멀리 대영 박물관에서 키우던 마지막 한 마리마저 1872년에 죽음으로써 콰가는 지구상에서 멸종되었다. 이런 사례는 더 있다. 선사 시대 동굴 벽화에 많이 등장하는 소처럼 생긴 오록스는 유라시아 대륙에서 아주 오랫동안 살았다. 하지만 1627년에 마지막 한 마리가 죽어 멸종되었다.

동물 한 마리가 죽는 것과 멸종되는 것은 완전히 다르다. 멸종은 어떤 동물을 영원히 볼 수 없다는, 죽음 그 이상의 슬픔이다. 하지만 멸종은 자연현상이기도 하다. 어디에선가 새로운 종이 생기는 것처럼.

결국 생물종의 다양성 문제는 자연현상이 아닐까? 어차피 멸종이란 자연현상이니까. 그런데 문제는 멸종이 아니라 멸종의 속도이다. 새로운 생물종이 생겨나는 속도에 비해 기존의 생물종이 사라지는 속도가 100배에서 1만 배나 빠르다. 21세기 말에는 현재 살아 있는 생물종의 절반이 멸종될지도 모른다.

지구에는 박테리아, 곤충, 포유류, 풀, 나무 등 약 150만 종이 넘는 생물이 살고 있고, 아직 확인 못 한 종까지 합치면 300만 종에서 1억 종에 이른다. 현재 지구의 곤충 수는 1조의 100만 배인 100경 마리 정도라고 한다. 박테리아는 한 숟가락의 흙 속에 10억 마리 정

콰가와 오록스

도가 있다니 곤충과는 비교도 안 될 만큼 그 수가 많을 것이다.

인간은 자연의 일부이지만 폭우나 가뭄보다 지구 환경에 더 큰 영향을 미치는 존재이다. 인간에 의해 전 세계 삼림 절반이 사라졌고, 지금도 열대림은 해마다 약 1%씩 사라지고 있다. 지구 온난화와 해수 오염으로 바다에서는 산호초가 병들고, 하천 오염, 댐 건설, 외래종 유입 등으로 세계 곳곳에서 토종 수중 생물이 사라지고 있다.

생물체의 멸종은 어떤 사람에게는 이익을 주지만 전체 인류에게는 '멸종'이라는 레드카드를 보이고 있다. 모든 생물이 멸종되기 전에 먼저 인간이 멸종될 것이기 때문에 인간이 살아남기 위해서라도 생물종의 다양성을 지켜야 한다.

생물종의 다양성을 어떻게 지킬 수 있을까?

대부분의 나라에서는 잘 살기 위해 개발에 힘을 쏟고 있는 게 현실이다. 생물종의 다양성을 지켜야 한다고 일부에서 아무리 외쳐도 대부분은 멸종을 방관하고 있다.

그럼 이 문제를 해결할 수 있는 현실적인 방법은 무엇일까? 한 가지 희망적인 사실이 있다. 그건 지금까지 알려진 육상 동물과 척추동물의 약 35%가 지구의 2% 정도 되는 면적에 살고 있다는 사

실이다. 따라서 전 대륙에서 다양한 생물이 집중해 있는 곳을 찾아 그곳을 보물처럼 지키면 된다.

생물종은 삼림, 초원, 산호초 등에 집중되어 있다. 브라질의 아마존 열대림, 콩고 열대림, 인도네시아와 말레이시아 열대림, 지중해성 기후 지역의 온대림, 서인도 제도의 산호초 등이 바로 그곳이다. 그런데 현재 이 지역들 중 40%만이 보호되고 있을 뿐이다.

아직 인간의 손길이 미치지 않아서 태초의 모습을 간직한 천연의 땅은 지구 전체 면적의 1.4%에 지나지 않는다. 하지만 1.4%의 땅에는 지구 식물종의 절반 가까이와 동물종의 5분의 2가 살고 있다. 특히 다른 데는 없는 종이 많고, 더욱이 멸종 위기에 놓인 종이 아주 많다.

전 세계적으로 인구가 급증하고 드넓은 자연이 농토나 공장으로 이용되고 있지만, 지금이라도 남아 있는 숲과 바다를 잘 보호하면 멸종 위기에 놓인 많은 동식물들을 지켜 낼 수 있다.

지구 온난화로 어떤 일이 벌어지고 있을까?

라틴아메리카 '벨리즈 산호초 보호 지역'은 세계적으로 유명하다. 진화론을 주장한 다윈도 "벨리즈의 산호초 지역은 서인도 제도에서 가장 아름다운 곳"이라고 했다. 그런데 최근 이 산호초에게 아주 치명적인 표백 현상이 발생하고 있다. 산호는 보통 열대의 바닷가에서 사는데 해수 온도가 너무 높아지면서 산호에 붙어살며 영양분을 공급해 주는 조류가 떨어져 나가 산호가 하얗게 바뀌며 죽어 가는 것이다. 일시적인 산호초의 표백 현상은 다시 회복되지만 최근에는 장기화되고 있다.

이집트 알렉산드리아에서는 해수면이 상승하며 바닷가에 있는 유적과 유물이 훼손되고 있다. 또 인도양의 몰디브에 있는 2000여 개의 섬 중 절반이 바다 속으로 들어갈 것이고, 바닷가에 있는 도시들이 침수의 위협을 받게 될 것이다. 그런가 하면 스위스 알프스의 높은 산지에서는 아랫동네에서 이사 온 식물과 이미 살고 있던 윗동네 식물들이 살 곳을 놓고 대판 싸우고 있다. 그나마 가문비나무처럼 잘 자라고 추위에 강한 나무는 서식지를 1년에 약 90cm나 이동할 수 있으니 생존 가능성이 높다. 하지만 대부분의 나무는 100년 동안 겨우 몇 m밖에 서식지를 옮기지 못하기 때문에 머지않아 멸종될 것이다.

지구 온난화로 생기는 문제는 이뿐이 아니다. 병원균과 기생충이 살기 좋은 조건이 되기 때문에 모기가 늘고 말라리아 같은 전염병이 세계적으로 퍼질 것이다. 그리고 농산물의 수확량이 크게 감소할 것이다.

어떻게 해야 지구 온도가 내려갈까?

지구의 대기에는 이산화탄소, 메탄, 오존, 수증기, 질소, 산소 등이 있다. 이 중 지구 온난화의 주범인 온실가스는 이산화탄소, 메탄, 오존 따위이다. 온실가스는 나쁜 것 같지만 사실 지구의 기온을 알맞게 유지하는 데 꼭 필요하다. 그런데 지나치면 부족한 것만 못하다고, 온실가스가 대기 중에 너무 많으면 우주로 나가야 하는 열이 다시 지구로 되돌려져 지구는 점점 더워진다. 특히 이산화탄소의 움직임을 눈여겨봐야 한다. 1950년대 이후 이산화탄소 농도가 급증하면서 대기 온도가 급상승했기 때문이다. 따라서 이산화탄소의 양이 지나치게 늘지 않도록 화석 연료의 소비량을 줄이는 것이 매우 중요하다.

석유는 자동차, 비행기, 배 같은 운송수단의 연료로 가장 많이 쓰이며, 석탄은 화력 발전소와 제철 공장에서 많이 쓰인다. 그렇다고 해서 옛날처럼 먼 길을 걸어 다닐 수도 없는 노릇이다. 하지만 나무를 많이 심고, 삼림을 보호하는 데 온 힘을 기울이는 한편 대중교통을 이용하고, 전기를 아껴 쓰고 에너지 효율이 높은 제품을 애용하는 노력을 70억 인구가 함께 한다면 그 효과는 대단할 것이다.

태양, 물, 바람, 지열처럼 이산화탄소를 만들지 않는 재생 에너지를 장려해야 한다. 그리고 이것이 미래를 위한 투자, 대재앙을 막기 위한 투자라고 생각해야 한다.

로컬 푸드와 탄소 발자국 지우기

로컬 푸드란 가까운 지역 내에서 생산하는 식품을 말한다. 여기서 로컬(현지, 지역)은 하루 운전해서 갈 수 있는 지역(100~300km)을 말한다. 식품의 이동 거리는 우리나라가 5000km, 미국이 2400 km에 이른다. 만약 이것을 100km 이내로 줄인다면, 신선한 제철 식품을 먹게 되고, 그것을 생산하는 이웃과도 친하게 된다. 또 먼 거리 이동에 들어가는 에너지를 줄이고 환경오염도 줄일 수 있다.

'탄소 발자국'이란 생활에서 이산화탄소가 얼마나 발생하는지를 표시를 한 것이다. 예를 들어, 종이컵의 무게는 5g이지만, 탄소발자국은 11g이다. 우리나라에서 1년 동안 약 120억 개의 종이컵을 쓴다면 13만 2000톤의 탄소발자국을 남긴다. 이 엄청난 양의 이산화탄소를 흡수하려면 4725만 그루의 나무를 심어야 한다. 탄소 발자국이 큰 제품이 무엇인지 알고 사용량을 줄여야겠다.

〈일상 생활 속의 탄소 발자국〉

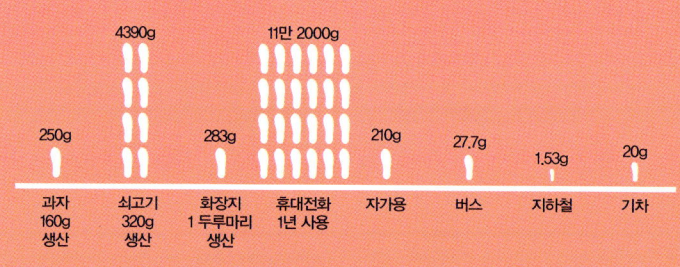

화석 연료는 산업 선진국에서 많이 쓰고 있는데, 오히려 아프리카와 같은 저개발 지역이 더 크게 피해를 보는 것이 현실이다. 그러므로 지구 온난화 방지를 위한 국제 협약을 준수하는 것이 매우 중요하다. 1985년 세계기상기구와 국제연합환경계획(UNEP)이 이산화탄소가 지구 온난화의 주범임을 선언한 후, 1992년에 온실가스를 제한하는 기후 변화 협약이 체결되었다. 또 1997년에는 온실가스 감축을 위한 교토 의정서가 채택되었으나 미국, 오스트레일리아 등은 자국의 이해에 따라 이에 반발하고 있다.

우산을 쓰면 식초비는 문제가 안 될까?

하늘에서 식초비가 내린다면 어떨까? 요즘 홍초, 흑초 다이어트를 하는 사람들은 좋다고 하려나? 하지만 하늘에서 내리는 식초비는 살은 안 빼 주고, 머리카락을 빠지게 한다. 실제로 오랫동안 식

산성비 피해를
입은 대리석상

초비를 맞은 벽화나 석상이 아이스크림처럼 녹아 내리고, 나무는 죽어서 앙상한 가지만 남았다. 앞에서 말한 식초비는 '산성비'로, 산성비는 수소 이온 농도(pH)가 5.6 이하인 강한 산성을 띠는 비이다.

비가 내리는 것은 인간 때문이 아니지만 산성비는 인간 때문에 내린다. 자동차에서 나오는 배기가스, 공장 굴뚝에서 나오는 매연에 포함된 이산화황이나 질소산화물이 비에 녹아 내리는 것이다. 산성비를 맞으면 건물이나 다리가 부식되는 것은 물론이고 소중한 문화유산이 손상되고, 숲도 황폐해진다. 또 토양에 유익한 미생물이 줄어들어 농토가 척박한 땅으로 바뀐다. 그럼 당연히 농산물의 생산량도 크게 줄겠지.

이웃을 괴롭히는 산성비?

산성비가 무서운 이유는 또 있다. 산성비를 만드는 오염 물질은 국경선을 넘어 멀리 날아간다. 영국, 프랑스, 독일에서 오염 물질이 편서풍을 타고 청정의 땅 스칸디나비아 반도까지 가서 산성비로 내리자 노르웨이와 스웨덴의 숲이 망가졌다. 스칸디나비아 반도에 내린 산성비의 75%가 영국, 프랑스 등 서부 유럽의 공장 때문이었다.

스칸디나비아 반도의 숲과 호수에 이상 징후가 나타난 것은 1950년대부터이다. 푸르고 무성하던 숲이 죽어가고 하천과 호수의 물고기가 자취를 감추기 시작했다. 1960년대 스웨덴에서는 9만여 개의 호수 중 약 4만 개가 생물이 거의 살 수 없는 죽음의 호수로 변했다.

사실 노르웨이, 스웨덴, 핀란드가 산성비 피해를 겪어 온 것은 어제오늘의 일이 아니라 거의 100년이 넘는다. 우리에게 『인형의 집』으로 알려진 노르웨이 작가 헨리크 입센의 '블랑'이라는 작품에 "영국의 소름 끼치는 석탄 구름이 몰려와 온 나라를 까맣게 뒤덮으며 신록을 더럽히고 독을 섞으며 낮게 떠돌고 있다."라는 문장이 나온다. 이미 19세기부터 영국이나 독일의 공장에서 생긴 오염된 대기가 피해를 주고 있었음을 알 수 있다.

산성비는 가을비나 봄비처럼 우산을 쓰거나 비옷을 입는다고 해결되는 것이 아니었다. 그래서 스칸디나비아 반도의 국가들과 서부 유럽 국가들이 대책 회의를 열어 머리를 맞대고 고민했다. 특히 영국의 노력이 중요했다. 영국은 석탄 사용을 줄이고 황산화물 저감 기술을 개발하는 노력을 기울였는데, 그 결과 유럽에서 1980년부터 2000년까지 산성비의 원인 물질인 이산화황 배출량이 56%나 감소했고, 1980년 이후 스칸디나비아 반도의 산성비 피해도 80%

나 줄었다. 이처럼 산성비 때문에 생기는 피해를 줄이기 위해서는 관련된 나라들이 모두 협조해야 한다.

한편, 산성비 사건은 다른 대륙에서도 발생하였다. 캐나다 남부와 미국 동부의 산성비도 절반은 5대호를 중심으로 중서부의 화력 발전소와 공장에서 방출한 오염 물질이 편서풍을 타고 온 결과이다. 우리나라도 서쪽의 중국 때문에 산성비로부터 안전한 곳은 아니다. 또 공장이 없는 열대의 숲에서도 산성비 피해가 나타나고 있는데, 이는 다른 곳의 오염 물질이 바람을 타고 이동하기 때문이다.

석탄의 연기 속에는 무엇이 들었을까?

석탄의 연기 속에는 이산화황, 이산화질소, 수은, 이산화탄소, 미세 먼지가 들어 있다. 이산화황(아황산가스)은 구름 속에서 물과 반응해 산성비를 만든다. 또 공기 중의 질소를 이산화질소로 바꾸고, 지표면에 오존을 발생시킨다. 수은은 적은 양이지만 수백 km를 날아가 눈이나 비에 섞여 내린 후 물고기의 몸속에 축적된다. 이런 물고기를 어린아이나 임산부가 먹으면 위험할 수 있다. 지구 온난화의 주범인 이산화탄소의 발생량은 단연 석탄이 최고이다. 석탄을 태우는 화력 발전소에서 나오는 미세 먼지는 심장이나 호흡기 질환자에게 치명적인 영향을 준다.

가난은 가난한 자만의 책임일까?

가난하다는 것은 무엇일까? 자기 집이 없이 전세나 월세로 사는 것일까? 자동차가 없는 것일까? 가지고 싶은 핸드폰을 갖지 못하는 것일까? 등록금이나 급식비가 없으면 아주 가난한 것일까?

부와 가난은 상대적이기 때문에 자신이 가난하다고 생각하면 가난한 것이다. 하지만 누가 봐도 가난한 절대적 가난이 있다. 절대적 가난은 당장 음식은커녕 마실 물조차도 없고, 며칠이 지나면 굶어 죽을지도 모르는 상황이다. 아프리카의 콩고 민주 공화국은 전체 인구의 50%가 넘는 약 3500만 명이 영양 결핍 상태에 있다. 아프가니스탄, 소말리아, 탄자니아, 앙골라 등도 콩고 민주 공화국만큼이나 어려운 실정에 놓여 있다. 또 방글라데시는 4200만 명, 중국은 1억 4200만 명, 인도는 2억 2000만 명으로, 나라 전체 인구의 5~30%가 영양실조 상태이다. 이 정도로 가난한 사람들은 주변 사람들과 처지가 같다고 해서 위로받을 수 있는 것이 아니다.

국제연합의 통계에 따르면 전 세계에서 8억 5000만 명 이상(2005년 현재)이 먹을 것이 없는 '극심한 식량 부족'으로 고통받고 있다. 8억 5000만 명이라는 인구는 세계 인구의 8분의 1, 남한 인구의 17배에 해당하는 엄청난 수이다. 그런데 더욱 기가 막히는 것은 현재 전 세계에서 생산되고 있는 식량의 총량은 전 세계 인구가 모두 먹기에 충분하다는 사실이다. 선진국의 식량 창고에는 적어도 몇 달에서 1년 이상은 먹을 수 있는 식량이 비축되어 있다. 이는 식량을 안정적으로 공급하고 전쟁과 같은 비상시에 대비하기 위해서이다. 하지만 아프리카, 아시아, 남아메리카의 가난한 나라에서는 최소한의 영양분(성인 1일 2100kcal)조차도 섭취하지 못하는 사람이 해마다 수백만 명씩 증가하고 있다.

이들 가난한 나라에서 먹을 것이 부족한 이유는 기후, 전쟁, 인구 증가 등 다양하다. 몽골, 라오스, 아이티, 그리고 사하라 이남의 아프리카에서는 계속되는 가뭄으로 많은 사람들이 굶주리고 있다. 특히 아프리카와 아시아에서는 종족 간, 민족 간, 국가 간, 종교 집단 간 싸움으로 들에서 일해야 하는 농민들이 난민 수용소에서 멍하니 앉아 있다. 이들의 싸움은 부족한 식량 문제를 더욱 악화시키는 아주 큰 요인이다. 한편, 강압적이고 폐쇄적인 국가는 국제 사회의 도움의 손길조차 막아서 배고픈 국민들을 더욱 힘들게 한다.

자원 가격이 폭등하면 자원 보유국은 무조건 이익일까?

핵보다 무서운 무기가 등장하고 있다. 이 무기는 날카로운 칼날도 없고, 폭약도 폭발도 파편도 없다. 이것은 우리가 알고 있는 무기의 모습을 하고 있지 않고, 군부대 안에 있지도 않다. 그 무기는 우리가 날마다 쓰고 있는 자원 중 몇 가지이다. 석유는 1970년대부터 서남아시아 국가를 중심으로 무기화되기 시작하였다. 온 세계가 대책을 세워 석유 없이 살 수 있는 세상을 만들기 위해 힘쓰고 있지만 여전히 석유는 중요하다. 만약 세계 전체 석유 자원의 4분의 1을 쓰고 있는 미국이나, 석유 수출국에서 석유 수입국이 된 중국에게 그 어떤 나라도 석유를 팔지 않는다면 어떤 일이 벌어질까? 아마 미국이나 중국이 식량 수출을 하지 않거나 공산품의 가격을 엄청 높여서 그에 걸맞은 보복을 할 것이다. 더 심각한 상황도 상상해 볼 수 있는데, 군사력을 앞세워 석유 자원을 빼앗기 위한 전쟁을 일으킬지도 모른다.

2000년대 중반 남아메리카의 볼리바르 베네수엘라, 볼리비아, 에콰도르 등이 석유와 천연가스를 무기화했다. 특히 세계 5대 산유국 중 하나인 볼리바르 베네수엘라는 외국 다국적 기업이 생산하는 석유에 세금을 2배로 올렸다. 또 외국 기업이 참여한 유전 개발 사업의 지분 60%를 정부 기업인 석유공사에 넘기도록 하는 바람에 석유 기업과 수입하는 나라들이 난리가 났다.

강대국 러시아는 더 무섭다. 세계 최대 천연가스 생산국이자 수출국인 러시아는 형제 국가로 알려진 우크라이나에 천연가스 공급을 중단해 2009년 추운 겨울에 혹독한 고생을 시켰다. 그리고 우크라이나를 거쳐 천연가스를 공급받던 다른 유럽 국가까지 불안에 떨게 했다. 우크라이나가 서부 유럽과 가깝게 지내자 천연가스를 가지고 경고를 보낸 것이다.

우크라이나 사태를 계기로 천연가스의 대부분을 러시아에 의존해 온 유럽 연합은 대책 회의를 열었다. 하지만 러시아산 천연가스를 포기하는 일은 불가능했다. 러시아는 전 세계 천연가스 매장량의 30.5%를 보유하고 있기 때문이다. 이런 일이 남의 일만은 아니다. 우리나라, 중국, 일본 등은 러시아 동시베리아의 석유와 가스를 공급받기를 희망하고 있고, 실제 계획도 꽤 진행되었다. 자원 확보라는 차원에서 분명 필요하지만 러시아의 천연가스 무기화에도 대비해야 할 것이다.

천연 자원을 독점적으로 가진 나라들은 귀한 자원을 앞세워 자신들의 권리를 한껏 강화하거나 선진국에 의존적인 경제 구조를 바꾸어 경제 발전에 이용해야 한다는 생각을 하고 있다. 하지만 그 생각은 부메랑이 되어 돌아올지도 모른다. 실제로 에너지 자원과 원자재, 부자재 등의 가격 상승은 제품 가격을 올리는 결과로 이어졌다. 따라서 저개발 국가가 기술 개발과 산업화를 통한 발전보다 천연자원에만 의존하여 돈을 벌려고 한다면 장기적인 국가 발전에는 오히려 역효과가 날 수 있다.

내가 사는 세계에서 남자와 여자는 얼마나 평등할까?

아시아의 아프가니스탄에서 남편과 그의 가족에게 괴롭힘을 당하다 가출한 여성이 귀와 코를 잘린 사건이 있었다. 수천 년 전 고대의 이야기가 아니라 2010년에 일어난 사건이다. 무슬림은 인정하지 않을지 몰라도 이슬람 사회에서 여자는 남자와 제도의 희생양이고, 그 어떤 사회보다도 불평등한 상황에 놓여 있다.

약 67억 명의 사람들이 사는 지구에서 52%가 여자이다. 자연 상태에서는 105 : 100 정도로 남자가 더 많이 태어나지만 여자의 평균 기대 수명이 긴 까닭에 세계에는 여자가 더 많다. 식당과 미용실은 주로 여자의 일손으로 움직여지고, 병원에 가면 대부분의 간호사가 여자이다. 그 밖에도 곳곳에서 여자의 손으로 운영되는 일터가 많다.

그럼 남녀평등이 이루어진 것일까? 아니다. 우리나라 대기업만

보아도 여자의 평균 연봉이 남자의 60~80%밖에 되지 않는다. 한 사회에서 남녀평등의 정도를 보려면 그 사회를 움직이는 주요한 자리에 여자가 얼마나 있는지를 보면 된다. 국민을 대표하는 국회 의원 중 여자의 비중도 좋은 예이다. 국회의원은 나라의 살림을 맡아 하고 법을 만드는 아주 중요한 일을 하는 사람이다. 현재 우리나라는 4년에 한 번 있는 국회의원 선거에서 여자들의 눈 밖에 나는 말을 했다가는 당선이 힘들다. 그렇다면 나라마다 국회의원 중에 여자가 차지하는 비율은 몇 %일까?

조사해 보니 사우디아라비아는 단 한 명의 여자 국회의원도 없었다(2007년). 이슬람 국가라고 해도 나라에는 여자의 몫이 있고 여자와 관련된 일이 있을 텐데, 여자의 권리를 정하는 일조차도 국회에서 남자들이 한다. 이슬람을 믿는 나라들은 대체로 여자의 참여율이 낮다. 그렇다고 해서 그 외 국가에서 여자 국회의원이 많은 것은 아니다. 민주주의가 발달한 미국도 여자의 국회 진출은 고작 16.3%(2008년 기준)이다. 역설적이게도 오히려 탄자니아, 베트남, 아프가니스탄, 페루 등이 30% 가까운 비율을 보였다.

유럽의 몇 나라가 높았는데 스웨덴이 전체 국회의원 중 47%이고, 핀란드, 노르웨이가 여자 국회의원의 비중이 높았다. 스칸디나비아 반도의 국가들에서 여자 국회의원이 많은 것은 다른 사회에 비해 여자에 대한 차별 의식이 없고, 여성의 권위가 상대적으로 높은 사회적 분위기 때문이다. 적어도 이들 나라에서는 '암탉이 울면 집안이 망한다.'고 생각하지 않는다. 특히 스웨덴에서 국회의원은 어렵고 힘든 봉사직이다. 차가 나오고 비서와 사무실까지 지원되는 우리나라의 국회의원과 스웨덴의 국회의원은 많이 다르다. 월급도 우리나라 국회의원보다는 턱없이 적다. 스웨덴의 국회의원은 주중에는 80시간 고된 노동을 감수하며, 주말에는 자신의 본래 직업에 종사한다.

재산권과 생명권 중 무엇을 택해야 할까?

전 세계의 에이즈(후천성 면역 결핍증) 감염자가 1981년에 처음 발견된 이래 4000만 명을 돌파(2005년)했다. 1996년에 창설된 유엔에이즈계획이 '세계 에이즈의 날'(12월 1일)을 정하고 세계보건기구와 함께 노력을 했지만 에이즈 바이러스 감염자는 계속 늘었다. 특히 사하라 남쪽 아프리카 지역에 전체 감염자의 64%와 사망자의 80%가 집중되어 있다. 아프리카는 정말 여러 가지로 너무 힘든 곳이다. 아프리카 다음으로는 아시아 지역에서 빠르게 늘고 있

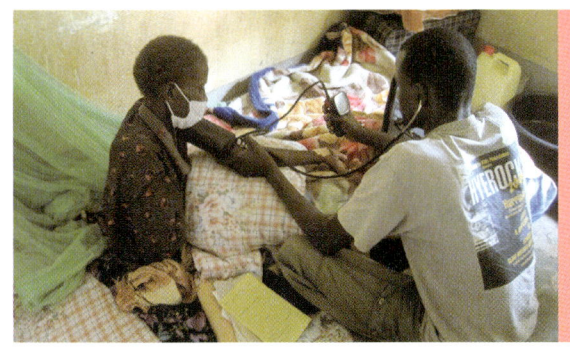

에이즈 치료(우간다)

다. 그 이유는 마약이나 매춘 때문이라고 한다.

에이즈 치료약은 크게 발전했지만 감염자와 사망자 수는 오히려 증가했다. 특히 아프리카·아시아·카리브 연인 국가 등 저개발 국가에서 크게 늘었다. 에이즈 치료약이 부족하기도 하고 약이 비싸기 때문에 구하지 못해서이기도 하다. 만약 제약 회사가 공급량을 늘리고 가격을 낮춘다면 지금보다 많은 사람들이 목숨을 구할 수 있을 것이다. 하지만 에이즈 약을 개발한 대형 제약 회사들은 그렇게 할 생각이 없는 것 같다.

그 대신 특허권이 없는 제약 회사에서 에이즈 약을 복제해서 더 싼값에 팔고 있는데, 대형 제약 회사는 이를 용납하지 않는다. 그래서 이들 제약 회사 사이에서 법정 싸움이 벌어지는 경우가 있다. 복제약 제조업체는 환자들의 치료받을 권리를 위해 "개발 제약사와 복제약 제조사의 역할이 구분돼야 한다."고 주장한다. 개발자들이 새로운 치료약을 시장에 소개하면 복제약 제조사들은 구매할 수 있는 가격으로 치료약을 공급하자는 것이다. 하지만 대형 제약 회사들은 이미 순이익이 크게 줄었다며 불만이다. 거대 제약 회사가 재산권을 주장하는 것도 맞긴 하지만 환자들의 생명권이 위협받고 있는 현실을 더 고려해야 하지 않을까?

인간이 사막도 만든다고?

인간은 정말 대단하다. 못 만드는 게 없다. 이제는 초원을 사막으로 바꾸는 일까지 하고 있다. 안 해도 되는 일을 하고 있으니 걱정이다. 사막 주변의 초원 지대가 사막으로 바뀌는 현상을 사막화라고 한다. 무슨 이야기인지 궁금할 것이다. 사헬의 이야기를 들으면 금방 알 수 있다. 사막화가 무엇인지를 잘 알려 준 곳이 바로 사헬 지대니까.

본래 사헬 지대는 사하라 사막의 남쪽 끝자락에 있는 초원과 나무가 어우러진 곳이었다. 이곳은 오래전부터 유목민의 생활 무대였고, 가축들이 풀을 뿌리째 뜯어 먹어도 문제가 안 됐다. 하지만 여러 차례 극심한 가뭄(1910~1913년, 1933~1934년, 1940~1941년, 1968~1974년)과 인구 증가로 나무가 베어지고, 초원이 농경지로 바뀌고, 유목민과 가축도 많이 늘어나 푸른 초원이 크게 줄어들었다. 특히 1960년 이후 인구가 거의 2배로 늘면서 사헬 지대의 사막화가 더욱 심각해졌다. 기록에 따르면 1972~1974년, 1982~1985년에 이 지역에서는 물과 식량이 부족하여 수십만 명에서 수백만 명의 사람들과 수많은 가축들이 죽었다.

그런데 이제 이런 사막화가 사헬뿐 아니라 전 세계적으로 나타나고 있다. 중앙아시아, 오스트레일리아, 미국, 칠레, 중국, 몽골 등의 사막화도 심각하다. 그 원인은 지속적인 가뭄, 지나친 벌목, 인구 증가에 따른 과다한 경작 등 여러 가지이다. 사막화가 진행되면 토양을 잡아 주는 나무나 풀이 줄면서 토양 침식이 가속화된다. 결국 이것은 생산량의 감소로 이어져 심각한 배고픔 문제로 연결된다.

이렇게 사막이 확대되는 것을 막기 위해서는 지나친 가축 사육과 농경지 조성 등을 규제해야 한다. 또 사막화가 어느 한 국가의 문제가 아니라 국제적인 문제임을 깨닫고 피해국에서 진행하고 있는 숲 조성과 같은 사막화 대책에 선진국에서도 정보, 자본, 기술 따위를 지원해야 한다. 마지막으로 사막화 방지를 위한 협약을 철저히 준수해야 할 것이다. 사막화 방지 협약(Convention to Combat Desertification)은 1994년 6월 17일에 프랑스 파리에서 기상 이변과 산림 황폐 등으로 생기는 사막화를 방지하여 지구 환경을 보호하기 위해 채택한 협약이다. 이를 기념하여 6월 17일을 '사막화 방지의 날'로 정했다.

세계는 지금도 분쟁 중

원시 시대에도 생존을 위한 싸움이 있었다. 어쩌면 싸움이 없기를 바라는 마음이 욕심이라고 느껴질 만큼 세계 곳곳에서 싸움의 소식이 들린다. 더욱이 기술 발전은 풍요와 편리를 가져왔지만 무서운 무기의 발전도 가져왔다. 이제 싸움의 무대는 창과 칼로 적을 죽이던 싸움터에서 단추 하나면 도시 전체를 날려 버릴 수 있는 핵무기가 있는 싸움터로 바뀌었다.

20세기도 제1·2차 세계대전, 베트남 전쟁, 걸프 전쟁, 한국 전쟁

등 많은 사망자를 낸 전쟁의 시기였다. 더욱이 1940년대 중반부터 1990년대 초까지는 소련 중심의 공산주의 세력과 미국 중심의 자본주의 세력이 대립하면서 군사, 첩보, 우주 진출 등 모든 부문에서 경쟁하였다. 1990년대에 들어서면서 소련 붕괴와 함께 냉전 시대가 끝나자 많은 사람들은 이제 싸움 없는 세상이 올 줄 알았다. 실제로 식민지를 차지하기 위한 잔인한 전쟁이나 국가 간 전쟁은 사라지거나 크게 줄었다. 하지만 오늘날에도 내전, 종족 간 집단 학살, 인권 유린 같은 갈등은 계속되고 있다. 현재 전 세계에 진행 중인 분쟁만 해도 수십 건에 이른다. 이 싸움은 주로 아프리카, 남부 아시아, 중·남부 아메리카 등의 개발도상국에서 벌어지고 있다. 전문가들은 21세기에도 여전히 민족·종교·이념의 차이로 갈등이 불거지고 영토와 자원을 확보하기 위한 싸움은 더 심해질 것이라고 본다. 그 증거 중 하나가 지구촌의 군비 지출이 1%도 줄어들지 않고 있다는 사실이다.

'센카쿠 열도'라 부를까, '댜오위댜오'라 부를까?

일본은 독도가 일본 땅이라고 큰 소리로 외친다. 다른 사람들도 들으라고 크게 외친다. 일본이 이렇게 큰 소리를 내는 것은 독도가 분쟁 지역임을 드러내어 국제 재판을 통해 독도를 빼앗으려는 꼼수이다. 그런데 일본이 영토 싸움을 벌이고 있는 곳은 더 있다. 러시아, 중국, 대만과도 여러 섬을 놓고 싸우는 중이다. 일본이 여러 나라들과 영유권 싸움을 하게 된 배경에는 전쟁이 있다. 러일 전쟁, 청일 전쟁, 제2차 세계대전 등으로 섬과 바다의 주인이 자꾸 바뀌었기 때문이다.

일본이 중국, 대만과 다투는 섬은 사람이 살지 않는 화산섬 5개와 암초 3개로 이루어진 센카쿠 열도이다. 센카쿠 열도는 대만에서 북쪽으로 185km, 일본 오키나와에서 서쪽으로 420km 떨어진 곳에 있다. 그중 가장 큰 섬은 서울의 여의도 면적의 50배 크기이나 작은 3개 섬은 '바위'라고 할 만큼 아주 작다. 이곳은 "14세기 때 중국이 발견하여 낚시 섬이라는 뜻의 댜오위댜오(釣魚島, 대만에서는 釣魚臺)라고 불렸고, 이곳 바다에서 고기를 잡고 섬에서 약초를 캤다."는 기록이 있다.

1895년 일본은 청일 전쟁에서 승리한 후 대만과 그 주변의 섬을 차지하지만 제2차 세계대전에 패하면서 모두 토해 내게 되었다. 이 과정에서 센카쿠 열도는 미국이 점유하게 되었고, 훗날 다시 일본에 반환되었다. 그래서 현재 그 섬들은 일본이 차지하고 있다. 그래서일까? 중국과 다투고 있는 센카쿠 열도의 여러 섬과 바다에 대해

서는 오히려 중국이 목소리를 높이고 있고, 일본은 못 들은 척 조용히 하고 있다. 어차피 자신들이 지배하고 있으니 괜히 시끄럽게 만들 필요 없다는 계산이다.

사람이 살지 않는 작은 섬을 차지하려는 것은 나아가 에너지 확보를 위한 것이다. 센카쿠 열도를 포함한 동중국해는 제2의 중동으로 불릴 만큼 석유와 가스 매장량이 풍부하다. 사실 이 싸움이 본격적으로 시작된 것도 유엔이 1968년 이 지역이 세계적인 산유 지역이라는 조사 결과를 발표한 직후였다. 최근 들어 일본이 기업의 가스전 탐사를 허용하자 중국은 동중국해에 12개의 천연가스전 광구를 일방적으로 설정했다. 이 중 3개 광구는 일본의 배타적 경제 수역(EEZ) 안에 있다. 또 일본 탐사선에 중국 해군이 발포 위협을 해 동중국해 진입을 봉쇄하기도 했다. 물론 일본도 물러설 수 없다는 입장이다.

체첸은 독립할 수 있을까?

러시아에는 100여 개가 넘는 소수 민족이 러시아인의 지배를 받으며 살고 있다. 오랜 세월 동안 러시아의 동화 정책으로 주민 중 러시아인이 50%를 넘는 곳이 많아지면서 독립을 포기하는 민족이 늘고 있다. 하지만 여전히 독립을 꿈꾸는 민족도 있다. 러시아는 이런 민족들을 강력한 군사력으로 억누르고 있다. 이런 러시아의 탄압에 가장 거세게 대응하고 있는 곳이 바로 체첸이다.

러시아와 체첸은 많이 다르다. 러시아는 거대한 땅의 나라이지만 체첸 자치 공화국은 우리나라 경상북도(1만 9000km²)만 하다. 러시아인은 대부분 크리스트교를 믿지만, 체첸인은 대부분 이슬람교를 믿는다.

체첸인은 유목민으로 거친 산악 지대를 지켜 온 강인한 민족이다. 체첸이 러시아에 강제로 합쳐진 것은 19세기 중엽으로, 체첸 옆에 있는 다게스탄, 북오세티야 등 소수 민족 국가도 강제로 러시아 땅이 되었다. 20세기 초 러시아 혁명 이후 러시아 제국이 무너지자, 이 틈에 체첸은 잠시 독립을 얻는 듯했다. 하지만 새로이 등장한 소련 역시 체첸의 독립을 허용하지 않았다. 그래서 체첸은 옆에 있는 잉구슈와 합쳐져 체첸-잉구슈 자치 공화국이라는 이름으로 소련에 속하게 되었다. 1991년 12월 소련이 해체되자, 체첸은 또다시 독립을 꿈꾸며 러시아가 요구한 연방 가입을 거부하였다. 이에 러시아는 1994년 겨울 체첸을 침공하였고, 체첸은 아직도 독립을 이루지 못하고 있다.

체첸인은 이슬람 규율에 따라 가족이나 친척이 피살되면 반드시 보복해야 한다고 가르친다. 이들은 만 7세가 되면 남자아이에게 무기를 사용하는 방법을 가르치고, 집 안에는 대부분 단검과 단총, 자동 소총 등을 두고 있다. 언제라도 싸움에 나설 준비가 되어 있다는 뜻이다.

전쟁을 겪으면서 체첸은 1990년에 약 110만 명이던 인구가 2002년에는 약 78만 명으로 30만 명 가까이 줄었다. 사망자가 10만 명이 넘고, 납치되거나 실종된 사람도 3000~5000명이나 되며, 외국에 피난 중인 사람은 자그마치 20만 명가량 된다. 또 약 40% 가까운 인구가 일자리 없이 지내고 있다.

땅 넓은 러시아 입장에서 보면 체첸은 겨우 경상북도만 한 작은 땅인데 왜 체첸의 독립을 굳세게 막을까? 러시아는 '체첸이 독립하면 주변의 북오세티야 공화국, 타타르 공화국, 잉구슈 공화국, 다게스탄 공화국 등 다른 소수 민족들의 독립 의지를 자극해 러시아 연방 국가가 쪼개질 수 있다.'는 생각을 한다. 또 체첸이 전략적 요충지이기 때문에 체첸을 포기하기가 어렵다. 체첸이 있는 카프카스 지역은 유럽과 아시아의 경계면에 있어 러시아의 안전을 위해 매우 중요한 곳이다. 마지막으로 자원 때문이기도 하다. 카스피 해 연안의 바쿠 유전에서 생산된 석유가 송유관을 통해 이동되는데, 그 이동로에 체첸이 있다. 러시아가 체첸을 달래기 위해 송유관이 체첸 땅을 지나는 것에 대해 비용을 지불하겠다고 했지만 체첸은 이를 거부했다. 결론적으로 러시아와 체첸은 서로 피할 수 없는 싸움을 계속하고 있는 것이다.

카슈미르 분쟁은 끝이 없는 걸까?

카슈미르는 면적이 약 22만 km²로 남북한을 합친 것과 비슷하다. 세계적인 양모 생산지이자, 히말라야의 고산 지대에 있어 아름다운 관광지이기도 하다. 하지만 많은 사람들에게 카슈미르는 위험한 곳, 싸움이 끊이지 않는 곳으로 알려져 있다. 지도를 보면 카슈미르는 국경선이 다른 나라와 달리 분명하지 않고, 점선으로 되어 있다. 카슈미르는 인도, 파키스탄, 중국, 핵무기를 가진 이 3개국이 국경을 마주하는 땅에 있다. '카슈미르 분쟁'은 이미 끝난 이야기로 알지만 아직도 끝나지 않았다.

1947년 인도는 200년간의 영국 지배에서 벗어났다. 하지만 인도는 과거의 인도로 돌아가지 못했다. 인도는 8월 15일에, 파키스탄은 그날이 이슬람 안식일이었기 때문에 8월 14일에, 하루 간격으로 각각 독립을 선언했다. 인도 독립의 아버지로 불리는 간디는 분리

를 반대하며 여러 민족과 여러 종교가 평화롭게 공존하는 국가를
원했지만, 결국 인도는 분리되었다.

　인도가 종교 차이로 분리되자 여러 번왕국의 번왕들이 어디로
귀속할지를 결정했다. 카슈미르는 번왕이 힌두교도인데, 주민 대
부분은 무슬림이었다. 번왕은 카슈미르 '독립국'을 꿈꿨으나 주민
들이 파키스탄에 귀속하기를 주장하며 들고 일어났다. 이에 번왕
이 인도에 도움을 요청하면서 인도 귀속 문서에 도장을 찍었다. 인
도는 곧바로 카슈미르에 군대를 보내 무슬림을 진압했고, 이에 파
키스탄이 맞짱을 뜨면서 전쟁이 발발하였다. 마침내 1949년 유엔
의 조정으로 인도 관할 잠무 카슈미르와 파키스탄 관할 아자드 카

슈미르로 나누어지고, 나중에 중국이 분쟁에 끼어들어 '악사이 친'을 자국 영토로 편입하면서 카슈미르는 3개국에 분할되었다. 인도와 파키스탄이 1947년 영국에서 독립한 뒤 카슈미르에서는 전쟁과 충돌로 지금까지 6만 5000명이 사망했다.

카슈미르 분쟁은 인도와 파키스탄 간의 종교 차이로 발생했지만, 사실 영토를 차지하기 위한 싸움이었다. 현재는 휴전 상태로 겉으로는 평온해 보이지만, 2010년에도 잠무 카슈미르에서 인도 지배에 반대하는 무슬림 주민의 투쟁이 일어나는 등 분쟁이 계속되고 있다.

★ **파키스탄(Pakistan)** : '순결한 나라'라는 의미와 함께, 이 지역을 구성하는 펀자브의 P, 아프가니스탄의 A, 카슈미르의 K, 신드의 S, 발루치스탄의 TAN을 합친 말이기도 하다.
★ **번왕국** : 식민지 당시 인도에는 일부 자치가 허용된 500여 개의 번왕국(토후국)이 있었고, 그중 하나인 카슈미르도 번왕이 통치하였다.

'쿠르디스탄'이 올림픽에 출전하는 날이 올까?

소수 민족은 보통 인구가 적고, 독립 국가를 이루지 못한 민족이다. 그런데 소수 민족이라고 하기에는 인구가 너무 많은 민족이 있다. 바로 쿠르드족으로 그 숫자가 2500만~3000만 명이나 된다. 이들은 이라크, 이란, 터키, 시리아, 아르메니아, 아제르바이잔의 국

경에 걸쳐 살고 있다. 쿠르드족은 터키에 약 1500만 명, 이라크 영
토 내에 약 300만 명, 이란에 약 500만 명, 그리고 그 밖의 지역에
흩어져 거주하고 있다. 이들은 현재 중동 지역에서 아랍인, 터키인,
페르시아(이란)인에 이어 네 번째로 많다.

　이들은 오래전부터 이 지역에서 유목과 농사를 지으며 살았지만
단 한 번도 나라를 건설하지 못했다. 고대에는 로마, 근세에는 오스
만 제국의 지배를 차례로 받았으며, 제1차 세계대전 이후 중동 지
역이 저마다 독립할 때도 터키, 이라크, 이란 사이에서 자신의 나라
를 건설하지 못했다.

　쿠르드족은 인도·유럽어족에 속하는 쿠르드어를 쓰며, 문자는
없다. 인류 최초의 문명인 메소포타미아 북부의 수메르 문명에 쿠
르드족의 전통과 문화에 대한 기록이 있는 것으로 보아, 쿠르드의
역사는 수천 년 전으로 거슬러 올라간다. 이들은 자신들이 사는 땅
을 쿠르디스탄이라 부르며, '쿠르디스탄'이라는 국가 건설을 위해
터키, 이라크, 이란 등의 탄압에 맞서고 있다. 1980년 이후 터키 정
부는 쿠르드어 사용을 금지하며 강력하게 쿠르드를 탄압하였다. 터
키는 쿠르드족 정당 탄압, 쿠르드족 신문 폐간, 쿠르드 무장 단체를
지지하는 마을을 파괴하는 '무인화 정책' 등을 폈다. 이렇게 해서
텅 빈 마을이 3000개가 넘었고, 100만 명이 넘는 난민이 발생했다.

　세상이 바뀌어서 2002년에 터키가 유럽 연합에 가입하기 위해
어쩔 수 없이 '사형 제도의 폐지', '쿠르드어 방송 금지 해지', '쿠르
드어에 의한 교육 인정' 등을 하게 되었다. 하지만 이후에도 터키의
탄압은 지속되었다. 무자비한 탄압은 이라크에서도 진행되었다. 특

히 독재자 후세인이 지배하던 기간 중에 더욱 잔인했다. '이란·이라크 전쟁' 중 쿠르드족이 이란을 도왔다는 이유로 화학 무기를 써서 한순간에 쿠르드족 5000명을 학살했다. 반년간의 전쟁에서 쿠르드족이 10만 명 가까이 사망했고, 약 25만 명의 난민이 이란과 터키로 들어갔다.

쿠르드족은 아랍인이며 무슬림이어서 그들을 탄압하는 나라들과 문화적으로 비슷하다. 하지만 쿠르드의 독립 국가 건설은 주변 국가가 분리되어야만 가능하기 때문에 쿠르드족에게는 정말 어려운 숙제이다. 더욱이 쿠르디스탄은 티그리스 강과 유프라테스 강 상류 산악 지역에 있어 물과 석유 자원이 풍부하다. 키르쿠크는 쿠르드 자치주의 중심지이자 이라크의 수출용 송유관의 출발지이다. 또 이라크 석유 매장량의 40%가 있는 곳이다. 슬프게도 자원이 풍부하다는 사실은 오히려 주변 국가들한테는 절대 이 땅을 포기할 수 없는 이유가 되고 있다. 과연 우리가 살아 있는 동안 쿠르드족 최초의 독립 국가 쿠르디스탄이 국기를 들고 올림픽에 출전하는 날이 올까?

영국의 이중 약속으로 시작된 분쟁은?

20세기 초 팔레스타인 땅은 오스만 제국의 통치를 받았다. 영국은 제1차 세계대전 당시 팔레스타인 땅에 사는 아랍인들이 오스만 제국에 저항하면서 영국에 협력하게 하려고 "전쟁이 끝나면 이 땅에 아랍 국가로 독립시켜 주겠다."는 약속을 했다. 그 약속이 바로 '맥마흔 선언'이다. 그런데 알고 보니 여우 같은 영국이 팔레스타인 땅을 놓고 이중 약속을 했다. 유대인들에게도 똑같이 "유대인 국가 건설을 지원하겠다."(벨푸어 선언)고 한 것이다. 유대인에게 전쟁 비용을 원조받고, 유대인의 영향력이 큰 미국의 참전을 유도하기 위해서였다.

유대인들은 그들의 '구약 성서'를 들어 "하나님이 유대인에게 팔레스타인을 줄 것을 약속했다."고 주장한다. 하지만 유대인들은 기

원전 70년경 로마에 의해 팔레스타인에서 추방되고, 예수를 십자가에 못 박아 살해한 민족으로 박해를 받았다. 그 후 팔레스타인 땅은 2000년 동안 아랍인이 사는 곳이 되었고, 우리는 그들을 '팔레스타인인'이라 부른다.

그런데 제1차 세계대전에서 영국은 승전국이었지만 아랍인과의 약속을 지키지 않았다. 반면 유럽에 흩어져 있던 유대인들은 팔레스타인으로 모여들었고, 1930년대 독일의 박해를 피해 더욱 집중되었다. 이에 아랍인들은 영국에 반대하는 투쟁에 나서면서 유대인과의 싸움에도 나섰다.

제2차 세계대전 후, 이 문제는 영국에서 유엔의 손으로 넘어가게 되었다. 유엔은 당시 소수인 유대인과 다수인 아랍인이 사는 팔레스타인을 절반으로 나누었다. 이에 아랍인들은 분노했다. 하지만 1948년 이스라엘이 건국을 선언하자 미국은 곧바로 이스라엘의 독립국 지위를 국제 사회에서 인정했다. 당시 팔레스타인의 인구는 118만 명으로 63만 명인 이스라엘에 비해 2배였지만, 유엔은 영토의 77%를 이스라엘에 귀속시켜 버렸다.

그러자 바로 다음날 이집트, 요르단, 시리아, 레바논, 이라크가 한편이 되어 이스라엘을 침공했다. 이것이 제1차 중동 전쟁이다. 멀쩡히 잘 살던 땅을 빼앗긴 형제의 나라 팔레스타인을 돕고, 세계 곳곳에 흩어져 살던 이스라엘 민족이 팔레스타인으로 돌아와 국가를 건설하려는 '시오니즘'에 맞서려 이집트, 시리아, 요르단 등이 힘을 합쳐 이스라엘을 상대로 싸움을 벌였지만 패하고 만다.

전쟁은 몇 차례 더 이어진다. 특히 1967년 제3차 중동 전쟁 때는 단 6일 만에 이스라엘이 이집트로부터 시나이 반도와 가자 지구, 요르단으로부터 요르단 강 서안 지구, 시리아로부터 골란 고원을 빼앗았다. 이른바 '6일 전쟁'이다. 이후 이스라엘은 23%의 영토밖에 남지 않은 팔레스타인에 전쟁의 책임을 물어 이스라엘군을 주둔시키고 정착촌을 건립하기 시작했다. 이스라엘 정착촌 건설은 곧 팔레스타인 사람들에게 살던 곳을 떠나라는 뜻이었다.

1973년에는 제4차 중동 전쟁이 터졌고, 아랍 측은 석유를 무기화하는 전략으로 이스라엘에 우호적인 미국에 타격을 주었다. 이것이 제1차 석유 파동이 발생하게 된 원인이다. 이 전쟁은 무승부로 끝났다.

이후에도 서로 영토를 차지하기 위한 싸움은 끊이질 않았고, 1993년 오슬로 협정 등 평화를 위한 노력도 같이 이루어졌지만 아직도 평화로 가는 길은 멀어 보인다. 수차례에 걸친 중동 전쟁의 결과 이스라엘은 사해 서쪽의 땅과 골란 고원 등 영토를 넓혔지만 여전히 아랍 국가에 둘러싸여 긴장이 지속되는 날을 보내고 있다.

소말리아 해적은 어떻게 해적이 되었나?

아프리카의 뿔이라 불리는 곳에 있는 소말리아는 국토 면적이 남한의 6.5배인 약 65만 km^2이다. 국토 대부분이 건조하여 이곳 사람들은 전통적으로 염소, 낙타, 소를 유목하며 살았다. 따라서 이들은 태초부터 물과 풀 같은 부족한 자원을 두고 끊임없이 싸워야 했다. 소말리아인들은 대부분이 이슬람교를 믿고 소말리아어를 쓴다. 소말리아는 오랜 세월 동안 부족 단위로 생활하였으며, 아직까지도 부족 제도가 존재한다. 이 부족 제도는 소말리아인들을 하나로 묶기도 하고 때로는 분열시키는 원인이 되기도 한다.

대부분의 아프리카 국가들이 유럽의 식민지가 된 경험이 있듯, 소말리아도 영국과 이탈리아의 지배를 받았다. 소말리아의 북부에 있는 소말릴란드는 영국이 지배했고, 남부는 이탈리아가 지배했다. 1960년 영국과 이탈리아의 분할 통치에서 벗어난 소말릴란드와 소말리아는 통일된 소말리아 공화국을 세웠다. 그러나 식민지 시절을 거치며 악화되었던 부족 간의 갈등이 심해지면서 1969년에 군인 출신인 바레 장군이 쿠데타를 일으켰다. 그가 정권을 잡아 강력하게 통치하면서 소말리아 공화국은 겉으로는 비교적 안정된 모습을 보였다.

그러나 1991년 소말리아 정부는 에티오피아 침공을 감행했다가 실패하는 바람에 또 다른 군부에 의해 정권을 잃고 말았고, 그 후 아직까지 혼란스러운 무정부 상태가 계속되고 있다. 특히 군부 간의 갈등으로 끊임없이 내전에 시달리고 있다. 2005년에는 유엔의 중재로 연방 정부가 출범했지만, 수도 모가디슈를 제외한 많은 지역은 여전히 치안이 불안하고 사실상 무정부 상태이다.

소말리아는 내전과 사회 혼란으로 국가 기능이 거의 마비되자 자신들의 해역을 지키지도 못했다. 외국의 어선들이 그 틈을 타 소말리아 해역에서 싹쓸이 조업으로 모든 고기를 잡아 갔다. 이 때문에 소말리아 어부들은 어장이 황폐화되는 비극을 맞게 되었다. 그

들은 생계 기반을 잃어버린 거지가 되어 떠돌기도 하고, 해적으로 변해 도적질을 하게도 되었다. 고무보트를 타고 화물을 털던 '생계형' 소말리아 해적은 옛날 얘기이다. 이제는 위성 전화와 지리 정보 시스템(GPS)으로 무장하고, 선박과 선원을 납치해 받은 돈으로 투자까지 하는 기업으로 진화하고 있다.

소말리아 해적들이 판치는 아덴 만은 인도양과 지중해를 이어 주는 길목이다. 이곳은 한국을 비롯해 아시아의 배가 홍해와 수에즈 운하를 통과해 유럽에 이르기 위해서 반드시 지나야 하는 길이다. 그러다 보니 한 해에도 세계 석유 운반선의 30%인 1만 6000척이 이곳을 지나다닌다. 우리나라 선박도 연간 460여 척이 이곳을 지난다. 그들이 마음만 먹으면 아덴 만은 최고의 사냥터라고 할 수 있다. 더욱이 변변한 일자리를 구하기도 힘든 소말리아에서 해적 행위는 큰돈을 벌 수 있는 거의 유일한 길로 여겨진다. 이 때문에 소말리아 청년들이 자진해서 해적에 지원하고 있는 형편이다.

이런 상황에서 '해적이 과연 완벽하게 소탕될 수 있을까?' 하는 의문이 든다. 해적 소탕도 중요하지만, 무엇보다도 그들이 도둑질과 강도질을 그만두고 농사짓고 고기 잡으며 살 수 있도록 안정된 사회를 만드는 데 국제 사회의 도움이 절실히 필요하다.

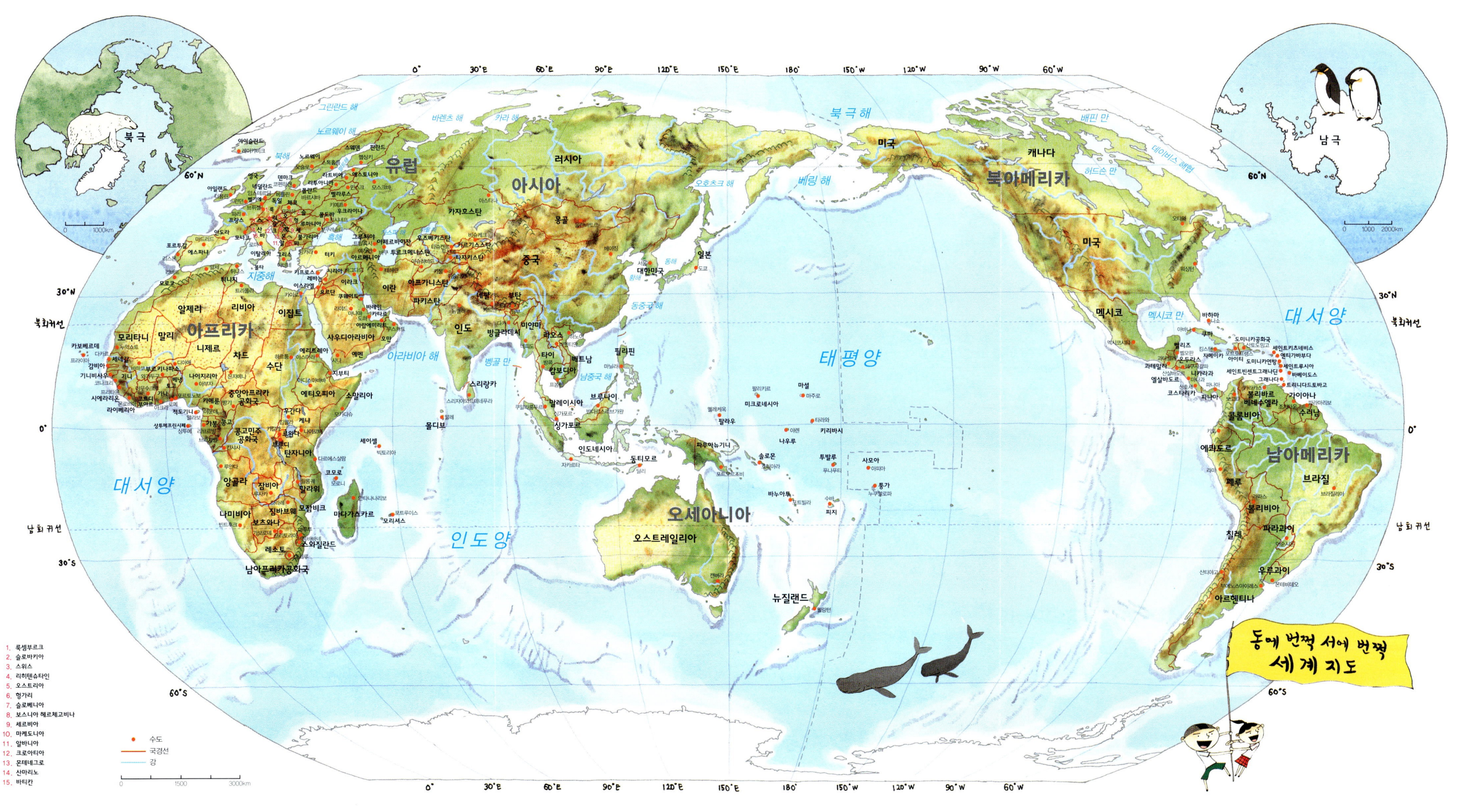